Karl Busz

Beiträge zur Kenntniss des Titanits:

Inaugural-Dissertation zur Erlangung der Doctorwürde bei der

philosophischen Facultät der Rheinischen Friedrich-Wilhelms-Universität

zu Bonn

Karl Busz

Beiträge zur Kenntniss des Titanits:
Inaugural-Dissertation zur Erlangung der Doctorwürde bei der philosophischen Facultät der Rheinischen Friedrich-Wilhelms-Universität zu Bonn

ISBN/EAN: 9783337373832

Hergestellt in Europa, USA, Kanada, Australien, Japan

Cover: Foto ©berggeist007 / pixelio.de

Beiträge zur Kenntniss des Titanits.

Inaugural-Dissertation

zur

Erlangung der Doctorwürde bei der philosophischen Facultät

der

Rheinischen Friedrich-Wilhelms-Universität zu Bonn

eingereicht

und mit beigefügten Thesen vertheidigt

am 6. August Mittags 12 Uhr

von

Karl Busz.

Opponenten:

Herr **F. Klingemann,** Dr. phil.
Herr **F. Heusler,** Dr. phil.
Herr **E. Gildemeister,** stud. rer. nat.

Stuttgart.

E. Schweizerbart'sche Verlagshandlung (E. Koch).

1887.

Meiner lieben Mutter.

Vorliegende Arbeit wurde auf Veranlassung des verewigten Herrn Professor A. von Lasaulx während des Winter-Semesters 1885/86 im mineralogischen Institut der Universität Bonn von mir begonnen.

Es handelte sich ursprünglich dabei um die Frage, ob ein Zusammenhang bestehe zwischen der chemischen Constitution des Titanits und den optischen Constanten. Bei der genaueren Betrachtung jedoch des reichhaltigen Materials, welches das mineralogische Museum zur Verfügung stellte, wurde ich durch bisher noch nicht beschriebene Vorkommen des Titanits, sowie auch durch die eigenthümliche und auffallende Ausbildung einer Reihe von Krystallen darauf geführt, auch die krystallographischen Verhältnisse näher ins Auge zu fassen.

Demgemäss musste die Arbeit in zwei Theile getrennt werden, von denen ersterer die Resultate der chemischen und optischen Untersuchung, letzterer die der krystallographischen behandeln soll.

Endlich schien es nicht unangebracht, bei der ausserordentlichen Verbreitung des Titanits und seiner Wichtigkeit ein Verzeichniss der Litteratur über dieses Mineral beizufügen.

I. Chemischer und optischer Theil.

Zur chemischen und optischen Untersuchung geeignet waren Stücke folgender zehn Fundorte: Schwarzenstein im Zillerthal. Eisbruckalp, Val Maggia, St. Gotthard, Wildkreuzjoch in Tyrol. Laacher See, Arendal in Norwegen. Renfrew und Grenville in Canada, Monroe in Michigan U. S. A.

Im Anschluss daran habe ich auch den dem Titanit nahe stehenden Keilhauit (Yttrotitanit) von Arendal in den Kreis der Untersuchungen gezogen.

Es haben sich nun allerdings im optischen Verhalten der einzelnen Vorkommen sehr grosse Unterschiede gezeigt. Auch in Bezug auf die chemische Zusammensetzung stellten sich beachtenswerthe Differenzen heraus. Aber es hat sich aus alle dem kein Gesetz ergeben, welches eine Erklärung für die optischen Verschiedenheiten geben. oder einen Zusammenhang zwischen den chemischen und physikalischen Verhältnissen feststellen könnte.

Hierbei mag jedoch nicht unerwähnt bleiben, dass auch die sorgfältigsten chemischen Analysen des Titanits aus verschiedenen Gründen einen Anspruch auf absolute Genauigkeit nicht machen können. Denn die Trennungsmethoden von Kieselsäure und Titansäure, ferner von Titansäure, Thonerde und Eisen sind nicht so vollkommen, dass man auf eine vollständig genaue Bestimmung der einzelnen Bestandtheile rechnen kann. So oft man Titanit desselben Fundorts, von gleichem Habitus, gleicher krystallographischer Ausbildung analysiren mag, die Resultate zeigen fast nie vollständige Übereinstimmung.

Der Gang einer Analyse war im Allgemeinen folgender. Das möglichst fein zerriebene Pulver wird mit der 7—8fachen Menge sauren schwefelsauren Kalis gut vermischt und langsam zusammengeschmolzen, darauf noch etwa eine Stunde der Rothglühhitze ausgesetzt. Nach vollständigem Erkalten wird die Schmelze in kaltem Wasser aufgelöst (auf ein Gramm Substanz ungefähr ein Liter Wasser). Es bleibt die Kieselsäure zurück, wogegen Titansäure in Lösung geht. Der Niederschlag der Kieselsäure bedarf eines erneuten Aufschlusses, da demselben meist noch etwas unaufgeschlossene Substanz sowie

Kalk, stets aber Titansäure beigemengt ist. Aus der zurückgebliebenen Lösung wird die Titansäure durch lang anhaltendes Kochen ausgeschieden, wobei jedoch das verdampfende Wasser ab und zu ersetzt werden muss. Zugleich mit der Titansäure scheidet sich ein Theil des Eisens aus. Der Niederschlag wird daher nach dem Glühen und Wiegen wieder mit saurem schwefelsaurem Kali geschmolzen und nach dem Erkalten in kaltem Wasser gelöst. Durch Einleiten von schwefliger Säure in die Lösung wird das Eisenoxyd zu Eisenoxydul reducirt und beim Kochen fällt darauf nur Titansäure aus. Durch Ammoniak werden dann Thonerde und Eisen gefällt, doch enthält auch dieser Niederschlag zuweilen noch Titansäure, worauf bei der Trennung und Bestimmung von Thonerde und Eisen zu achten ist. Kalk und Magnesia werden darauf nach den bekannten Methoden bestimmt. Aus diesen Angaben geht wohl zur Genüge hervor, wie leicht bei den mehrfach zu wiederholenden Aufschlüssen auch unter Anwendung aller Vorsichtsmassregeln Fehler entstehen können.

Es folgen nunmehr die Resultate der an den verschiedenen Titaniten angestellten Untersuchungen.

1. Titanit vom Schwarzenstein im Zillerthal.

Die Krystalle vom Schwarzenstein sind die bekannten grossen Zwillinge von hellgrüner Farbe, mit glänzenden Flächen ausgebildet und klar durchsichtig.

Chemisch analysirt wurde dieser Titanit zuerst von Fuchs (Ann. d. Chem. und Pharm. XLVI. 319), welcher folgende Zusammensetzung fand:

$$32.52\ SiO_2;\ 43.21\ TiO_2:\ 24.18\ CaO = 99.91.$$

Eingehend hat sich Rose mit der Analyse dieses Titanits beschäftigt (Pogg. Ann. LXII. 263) und folgendes Resultat erhalten:

$$32.29\ SiO_2;\ 41.58\ TiO_2;\ 1.07\ Fe_2O_3;\ 26.61\ CaO = 101.55.$$

Der Gehalt an Kieselsäure ist zwar in beiden Analysen ungefähr gleich, dagegen sind die Mengen von Titansäure und Kalk wesentlich verschieden, endlich ist Eisenoxyd nur von Rose bestimmt worden.

Die optische Untersuchung begann ich mit der Bestimmung des scheinbaren Winkels der optischen Axen (mit dem grossen Axenwinkelapparat von FUESS, Berlin). Der Titanit ist optisch positiv, die Axe der kleinsten Elasticität somit die erste Mittellinie, welche nahezu senkrecht zu der Fläche des Domas $\frac{1}{2}$P∞ ($\bar{1}$02) = x orientirt ist. Die Ebene der optischen Axen liegt parallel der Symmetrieebene.

Zur Messung des scheinbaren Axenwinkels wurde ein Schliff parallel dem oben genannten Doma angefertigt und es ergab sich:

2E = 51° 3′ (Li); 45° 40′ 40″ (Na); 39° 52′ 40″ (Tl).

Diese Winkelangaben sind Mittelwerthe aus je sechs Messungen. Ausserordentlich stark tritt hier die Dispersion der Axen hervor.

Zur Bestimmung der Brechungsexponenten dienten zwei Prismen. Die brechende Kante des einen war senkrecht zur Symmetrieebene orientirt und ergab den mittleren Brechungsexponenten β: die brechende Kante des zweiten war parallel der ersten Mittellinie, dieses Prisma lieferte somit den grössten Brechungsexponenten γ, da ja die erste Mittellinie die Axe der kleinsten Elasticität ist. Da nur die Kanten, nicht aber die Flächen der Prismen orientirt geschliffen waren, konnten nur diese zwei Exponenten bestimmt werden.

Das erste Prisma mit einem brechenden Winkel von 11° 55′ gab für den ordentlichen Strahl als Minimum der Ablenkung:

δ = 10° 59′ (Li); 11° 5′ (Na); 11° 13′ (Tl).

Daraus berechnet sich:

β = 1.9123 (Li); 1.9206 (Na); 1.9316 (Tl).

Das zweite Prisma mit einem brechenden Winkel von 12° 38′ ergab für den ordentlichen Strahl:

δ = 13° 19′ (Li); 13° 29′ (Na); 13° 37′ (Tl),

woraus sich für γ die Werthe ableiten:

γ = 2.0407 (Li); 2.0536 (Na); 2.0639 (Tl).

Aus dem scheinbaren Winkel der optischen Axen und dem mittleren Brechungsexponenten β berechnet sich der wahre Winkel der optischen Axen:

2V = 26° 1′ 40″ (Li); 23° 19′ 8″ (Na); 20° 20′ 4″ (Tl).

Aus V, β, γ berechnen sich endlich für den kleinsten Brechungsexponenten α die Werthe:

α = 1.9062 (Li); 1.9133 (Na); 1.9278 (Tl).

2. Titanit von der Eisbruckalp.

Die gewöhnlich mit Adular auf Glimmerschiefer aufgewachsenen schön ausgebildeten Titanitkrystalle von hellgrüner Farbe sind durchweg Zwillinge und weisen einen grossen Flächenreichthum auf.

Die chemische Analyse, welche ich im Laboratorium des mineralogischen Instituts ausführte (daselbst analysirte ich ebenfalls den Titanit von Val Maggia, St. Gotthard, Wildkreuzjoch, Laacher See, Renfrew und Monroe), ergab die Zusammensetzung:

30.87 SiO_2; 42.43 TiO_2; 27.51 CaO; 0.36 Glühverl. = 101.17.

Mithin abgesehen von dem fehlenden Eisengehalt fast übereinstimmend mit dem Titanit vom Schwarzenstein.

Die optischen Verhältnisse dagegen bieten grössere Abweichungen dar.

Der scheinbare Winkel der optischen Axen wurde gemessen zu:

2 E = 54° 52′ 9″ (Li); 50° 21′ 10″ (Na); 45° 26′ 30″ (Tl)
(Mittel aus je sechs Messungen).

Diese Winkelwerthe sind im Mittel um etwa 4° 40′ grösser, die Dispersion der Axen aber bedeutend geringer als bei dem Titanit vom Schwarzenstein.

Wollte man diese Verschiedenheiten auf die verschiedene chemische Zusammensetzung zurückführen, so könnte man nur den geringen Eisengehalt, den die Analyse des Titanits vom Schwarzenstein aufweist, als Ursache für dieselben ansehen.

Die Bestimmung des mittleren Brechungsexponenten β wurde mit einem Prisma ausgeführt, dessen brechende Kante senkrecht zur Symmetrieebene geschliffen war (ohne Orientirung der Flächen), und dessen Winkel 23° 16′ betrug.

Für den ordentlichen Strahl fand sich die Ablenkung:

δ = 21° 50′ (Li); 22° 1′ (Na); 22° 11′ (Tl);

somit

β = 1.9018 (Li); 1.9091 (Na); 1.9158 (Tl).

Ein zweites Prisma wurde so geschliffen, dass seine brechende Kante parallel zur 1. Mittellinie orientirt war. der brechende Winkel betrug 13° 55′.

Die Ablenkung des ordentlichen Strahles betrug:

$\delta = 13^\circ\ 49'$ (Li); $13^\circ\ 59'$ (Na); $14^\circ\ 12'$ (Tl).

Hieraus ergeben sich für den grössten Brechungsexponenten γ die Werthe:

$\gamma = 1.9783$ (Li); 1.9899 (Na); 2.0051 (Tl).

Aus β und E ergiebt sich der wahre Winkel der optischen Axen:

$2V = 26^\circ\ 2'\ 26''$ (Li); $25^\circ\ 45'\ 2''$ (Na); $23^\circ\ 15'\ 44''$ (Tl).

Berechnet man aus V, β, γ den kleinsten Brechungsexponenten α, so erhält man:

$\alpha = 1.8973$ (Li); 1.9073 (Na); 1.9122 (Tl).

3. Titanit vom Val Maggia, Cant. Tessin.

Der Titanit vom Val Maggia ist zusammen mit rundlichen Concretionen von Glimmerkrystallen auf Glimmerschiefer aufgewachsen. Die Kryställchen sind etwa 3—4 mm. lang bei gleicher Breite und 1—1½ mm. dick. Dieselben sind trübe und in der Farbe dem Greenovit von St. Marcel nicht unähnlich, jedoch etwas blasser, und sind sämmtlich einfache Krystalle. Zwillinge wurden auf den vier im mineralogischen Museum vorhandenen Handstücken nicht gefunden.

Vorherrschend sind die Flächen des Prismas (Taf. I Fig. 3).

Die Analyse ergab:

30.08 SiO_2; 39.55 TiO_2; 1.72 MnO; 28.26 CaO; 0.32 Glühverl. = 99.93.

Die röthliche Farbe dieses Titanits mag wohl durch den Mangangehalt hervorgerufen sein. Vielleicht ist derselbe auch die Ursache der Abweichungen im optischen Verhalten. Es fanden sich die Werthe für den Winkel der optischen Axen grösser, als bei den bisher erwähnten Titaniten, dagegen ist die Doppelbrechung geringer, als bei dem vom Schwarzenstein.

Der scheinbare Winkel der optischen Axen wurde gemessen zu:

$2E = 69^\circ\ 1'\ 40''$ (Li); $63^\circ\ 27'$ (Na); $58^\circ\ 30'\ 40''$ (Tl).

Die Angaben für rothes und grünes Licht sind Mittelwerthe aus je 6 Messungen, der für gelbes Licht angegebene Winkel ist das Mittel aus 4 Messungen.

Der mittlere Brechungsexponent β wurde bestimmt durch ein Prisma, dessen brechende Kante senkrecht zur Ebene der optischen Axen orientirt war. Der brechende Winkel war $= 12^0 21'$.

Die Ablenkung des ordentlichen Strahles betrug:

$\delta = 10^0 59'$ (Li); $11^0 10'$ (Na); $11^0 20'$ (Tl).

Folglich

$\beta = 1.8799$ (Li); 1.8945 (Na); 1.9077 (Tl).

Die Bestimmung des grössten Brechungsexponenten γ wurde ausgeführt mit einem Prisma, dessen brechende Kante parallel der ersten Mittellinie orientirt war; der brechende Winkel betrug $23^0 41'$. Nur die Kanten der beiden angewandten Prismen, nicht die Flächen waren orientirt.

Die Ablenkung des ordentlichen Strahles betrug:

$\delta = 23^0 55'$ (Li); $24^0 14'$ (Na); $24^0 36'$ (Tl),

demnach

$\gamma = 1.9665$ (Li); 1.9783 (Na); 1.9931 (Tl).

Mit Hülfe von β und E berechnet sich der wahre Winkel der optischen Axen:

$2V = 35^0 15' 40''$ (Li); $32^0 13' 46''$ (Na); $28^0 31' 8''$ (Tl).

Berechnet man ferner aus V, β, γ den kleinsten Brechungsexponenten α, so ergeben sich die Werthe:

$\alpha = 1.8718$ (Li); 1.8880 (Na); 1.9026 (Tl).

4. Titanit vom St. Gotthard.

Die Titanitkrystalle, auf Glimmerschiefer aufgewachsen, sind bis zu 3 cm. gross und schön ausgebildet. Sie sind schwach hellbraun gefärbt und durchsichtig. Einige Krystalle sind theilweise mit kleinen Glimmerkryställchen bedeckt.

Die Analyse ergab folgendes Resultat:

29.12 SiO_2; 42.09 TiO_2; MnO Spuren; 27.90 CaO; 0.37 Glühverl. = 99.48.

Diese Zusammensetzung stimmt fast genau überein mit der des Titanit von der Eisbruckalp, abgesehen von dem nur spurenweise vorhandenen Mangan, welches im vorliegenden Falle wohl auch die schwache Färbung bedingt.

Auch in der Grösse des scheinbaren Axenwinkels stimmen beide Titanitvorkommen nahezu überein.

Es ergab sich:

$$2E = 57^\circ\,20'\,30'' \text{ (Li)}; \quad 52^\circ\,29'\,40'' \text{ (Na)}; \quad 47^\circ\,54'\,40'' \text{ (Tl)}.$$

Die mittlere Differenz zwischen diesen Werthen und denen für den Titanit von der Eisbruckalp beträgt nur $2\frac{1}{2}^\circ$. Auch die Dispersion der Axen ist in beiden Fällen gleich (Gesammtdifferenz hier $9^\circ\,25'\,50''$, dort $9^\circ\,25'\,39''$). Dagegen stimmen die Brechungsexponenten nicht so ganz überein.

Der mittlere Brechungsexponent β wurde bestimmt durch ein Prisma, dessen Kante senkrecht zur Symmetrieebene geschliffen war. Der brechende Winkel betrug 16° (die Halbirungsebene dieses Winkels kein Hauptschnitt).

Die Ablenkung des ordentlichen Strahls betrug:

$$\delta = 14^\circ\,24' \text{ (Li)}; \quad 14^\circ\,34' \text{ (Na)}; \quad 14^\circ\,44' \text{ (Tl)},$$

somit

$$\beta = 1.8839 \text{ (Li) } (1.9018);$$
$$= 1.8940 \text{ (Na) } (1.9091);$$
$$= 1.9041 \text{ (Tl) } (1.9158).$$

In Klammer stehen die Werthe für β des Titanits von der Eisbruckalp.

Ein zweites Prisma, dessen brechende Kante parallel der ersten Mittellinie orientirt war, lieferte γ. Der brechende Winkel betrug $45^\circ\,44'$.

Für den ordentlichen Strahl fand sich:

$$\delta = 56^\circ\,11' \text{ (Li)}; \quad 56^\circ\,56' \text{ (Na)}; \quad 57^\circ\,56' \text{ (Tl)}.$$

somit

$$\gamma = 1.9987 \text{ (Li) } (1.9783)$$
$$= 2.0093 \text{ (Na) } (1.9899)$$
$$= 2.0232 \text{ (Tl) } (2.0051).$$

Aus E und β ergiebt sich für den wahren Winkel der optischen Axen:

$$2V = 29^\circ\,30'\,30'' \text{ (Li)}; \quad 27^\circ\,0'\,22'' \text{ (Na)}; \quad 24^\circ\,37'\,30'' \text{ (Tl)}.$$

Aus V, β, γ berechnet sich für α:

$$\alpha = 1.8766 \text{ (Li)}; \quad 1.8879 \text{ (Na)}; \quad 1.8989 \text{ (Tl)}.$$

5. Titanit vom Wildkreuzjoch.

Der Titanit vom Wildkreuzjoch ist in der Farbe nicht sehr verschieden von dem eben erwähnten Titanit vom St. Gotthard, doch ist er meist von noch klarerer Beschaffenheit, aber von zahlreichen unregelmässig verlaufenden Sprüngen durchsetzt. Durch das Vorherrschen der Hemipyramide $\frac{2}{3}$P2 (123) erhalten die Krystalle einen prismatischen Habitus. Die Enden der etwa 3—4 cm. langen Prismen werden gebildet durch die Basis 0P (001) = P, und das Orthodoma P∞ ($\bar{1}$01) = y, denen sich zuweilen noch das Doma P∞ (011) zugesellt.

Die chemische Zusammensetzung ist:

34.57 SiO_2; 44.92 TiO_2; Fe_2O_3 Spuren; 22.54 CaO = 102.03.

Auffallend niedrig ist der Kalkgehalt gegenüber dem hohen Gehalt an Kieselsäure und Titansäure.

Der scheinbare Winkel der optischen Axen wurde gemessen zu:

2E = 52° 36′ (Li); 47° 44′ 10″ (Na); 44° 23′ (Tl).

Diese Werthe kommen den für den Titanit vom Zillerthal und von der Eisbruckalp angegebenen Axenwinkeln am nächsten. Abgesehen aber davon, dass die Dispersion der Axen hier bedeutend geringer ist (Gesammtdifferenz hier nur 8° 13′ gegenüber 11° 10′ resp. 9° 25′), ist besonders die Differenz in der chemischen Zusammensetzung sehr gross. Dieselbe tritt besonders hervor beim Kalkgehalt, dort 28 % resp. 27½ %, hier nur 22½ %.

Ein Prisma, dessen brechende Kante senkrecht zur Ebene der optischen Axen orientirt war, mit einem brechenden Winkel von 8° 40′, lieferte den mittleren Brechungsexponenten β.

Es fand sich für den ordentlichen Strahl:

δ = 7° 46′ (Li); 7° 53′ (Na); 7° 59′ (Tl),

somit

β = 1.8958 (Li); 1.9048 (Na); 1.9162 (Tl).

Mit einem Prisma, dessen brechende Kante parallel der ersten Mittellinie geschliffen war, wurde γ bestimmt. Der brechende Winkel betrug 43° 45′.

Es fand sich für den ordentlichen Strahl:

δ = 46° 49′ (Li); 47° 25′ (Na); 48° 3′ (Tl),

demnach

γ = 1.9072 (Li); 1.9171 (Na); 1.9274 (Tl).

Aus β und E berechnet sich für den wahren Winkel der optischen Axen:

2V = 27° 5′ 40″ (Li); 24° 31′ 46″ (Na); 22° 44′ (Tl).

Für α berechnen sich die Werthe:

α = 1.8889 (Li); 1.9042 (Na); 1.9160 (Tl).

6. Titanit vom Laacher See.

Die in den Auswürflingen des Laacher Sees vorkommenden hellgelb bis orangegelb gefärbten glänzenden Krystalle von Titanit sind von G. vom Rath beschrieben worden (Pogg. Ann. CXV. 466—472). Darnach treten folgende Flächen auf:

0P (001) = P, ∞P∞ (010) = q, P∞ (1̄01) = y, —P∞ (101) = v. P∞ (011) = r, ∞P (110) = l, ⅔P2 (1̄23) = n, —2P2 (121) = t.

Die chemische Zusammensetzung ist:

30.10 SiO_2; 38.12 TiO_2; 1.86 Fe_2O_3; 29.59 CaO; 0.66 Glühverl. = 100.33.

Während hiernach Kieselsäure und Kalk in dem gewöhnlichen Verhältniss vorhanden sind, ist eine ziemliche Menge Eisenoxyd beigemischt, welches auch wohl die gelbe Farbe des Minerals bedingt. Nun ist das optische Verhalten so verschieden von dem der schon genannten Titanite, dass es wohl möglich ist, dass eben dieser Eisengehalt die Abweichungen verursacht.

Der scheinbare Winkel der optischen Axen ist:

$2E = 72^{0}\,10'$ (Li); $68^{0}\,9'\,20''$ (Na); $62^{0}\,52'\,48''$ (Tl).

Bei dieser grossen Differenz zwischen den früher angegebenen Werthen und diesem ist es bemerkenswerth, dass gleichwohl die Dispersion der Axen ungefähr dieselbe bleibt, wie bei den anderen Titaniten. Dasselbe lässt sich in Bezug auf den mittleren Brechungsexponenten sagen.

Die brechende Kante des Prismas, welches zur Bestimmung von β benutzt wurde, war senkrecht zur Ebene der optischen Axen geschliffen, die Flächen lagen nicht orientirt: der brechende Winkel war $= 27^{0}\,57'$.

Für den ordentlichen Strahl betrug die Ablenkung:

$\delta = 26^{0}\,35'$ (Li); $26^{0}\,55'\,30''$ (Na); $27^{0}\,16'\,30''$ (Tl),

demnach

$\beta = 1.8967$ (Li); 1.9076 (Na); 1.9188 (Tl).

Es ergiebt sich für den wahren Winkel der optischen Axen hieraus:

$2V = 36^{0}\,11'$ (Li); $34^{0}\,9'\,40''$ (Na); $31^{0}\,32'\,40''$ (Tl).

7. Titanit von Arendal.

Die im Syenit eingewachsenen Titanitkrystalle von Arendal haben einen prismatischen Habitus durch das Vorherrschen der Hemipyramide ⅔P2 (1̄23), dazu treten auf die Flächen:

0P (001) = P, $\bar{P}\infty$ $(\bar{1}01)$ = y, $\breve{P}\infty$ (011) = r.

Die Krystalle sind dunkelbraun gefärbt und werden nur in sehr dünnen Platten durchsichtig. Infolge dessen war es nicht möglich, die Brechungsexponenten mit gewünschter Genauigkeit zu bestimmen. Einerseits konnten wegen der mangelhaften Durchsichtigkeit Prismen zur Messung der Ablenkung der Lichtstrahlen nicht angewendet werden, anderseits ist auch die Anwendung des Totalreflectometers hier wegen der Grösse der Brechungsexponenten ausgeschlossen. Von andern Methoden aber habe ich von vornherein abgesehen, weil mir dieselben nicht den Anspruch auf die nöthige Genauigkeit machen zu können scheinen.

Analysirt wurde dieser Titanit von Rosales (Pogg. Ann. LXII. 263). Das Ergebniss zweier Analysen war folgendes:

	I.	II.	
SiO_2 =	30.69 %	31.20 %	
TiO_2 =	47.65	40.92	46.55
Fe_2O_3 =		5.63	
CaO	22.06	22.25	
	100.60	100.00	

Die optische Untersuchung ergab für den scheinbaren Winkel der optischen Axen folgende Werthe:

$$2E = 76^\circ\,27'\,45''\ (Li);\quad 71^\circ\,17'\,10''\ (Na);\quad 66^\circ\,24'\,10''\ (Tl).$$

Diese Winkel kommen denen am nächsten, welche für den Titanit vom Laacher See angegeben wurden. In der chemischen Zusammensetzung aber sind diese beiden sehr verschieden, hier der hohe Eisengehalt bei verhältnissmässig geringem Kalkgehalt, dort gerade das umgekehrte Verhältniss. Dass der bedeutende Eisengehalt, wie ihn die obige Analyse aufweist, einen verändernden Einfluss auf den Winkel der optischen Axen hat, ist wohl anzunehmen, ob dieser aber die einzige Ursache für die Grösse dieses Winkels ist, ist zum mindesten fraglich.

8. Titanit von Renfrew in Canada.

Der Titanit von Renfrew, in den bekannten grossen, dunkelbraun gefärbten, stark glänzenden Krystallen auftretend, zeigt meist die Combination der Formen:

$\frac{2}{3}$P2 $(\bar{1}23)$ = n, $\bar{P}\infty$ $(\bar{1}01)$ = y, $\breve{P}\infty$ (011) = r, −2P2 $(12\bar{1})$ = t.

Die einfachen Krystalle sind gewöhnlich tafelförmig nach $P\infty$. Zwillinge nach dem Gesetz „Z.E = 0P“ sind nicht selten. Es kommt an diesen Krystallen noch eine Zwillingsverwachsung nach einem anderen Gesetz vor, nämlich Z.E = $\frac{4}{3}P4$ ($\bar{1}45$) (nähere Angaben darüber siehe Theil II).

Die chemische Analyse ergab:

30.58 SiO_2; 41.41 TiO_2; 2.55 Al_2O_3; 1.35 Fe_2O_3; 22.55 CaO; 0.29 MgO; 0.12 Glühverl. = 98.85.

Der scheinbare Winkel der optischen Axen wurde bestimmt zu:

2E = 90° 56′ 40″ (Li); 85° 58′ 50″ (Na); 80° 18′ 20″ (Tl).

Mit den geringen Beimengungen von Thonerde, Eisenoxyd und Magnesia, welche zusammen nur ungefähr 4 % ausmachen, lässt sich dieser hohe Werth des scheinbaren Winkels der optischen Axen nicht in Einklang bringen, zumal da bei vorher erwähnten Titaniten bei grösseren Mengen fremder Beimengungen geringere Unterschiede in optischer Beziehung hervorgetreten sind.

Die Dispersion der Axen ist auch hier wieder nicht wesentlich verschieden von der bei anderen Varietäten, sie ist fast genau so stark hier als bei dem Titanit von Val Maggia (s. S. 7).

9. Titanit von Grenville in Canada.

Dieser Titanit ist in Farbe und äusserer Form nicht verschieden von dem von Renfrew. Zur Benutzung lagen zwei Krystalle vor, etwa 1 cm. dick und 4 cm. lang bei gleicher Breite. Die an denselben auftretenden Flächen sind:

$P\infty$ ($\bar{1}01$) = y, $P\infty$ (011) = r, $\frac{2}{3}P2$ ($\bar{1}23$) = n, $-2P2$ (121) = t.

Auch kommt bei diesen Krystallen die eben schon erwähnte Zwillingsbildung (Z.E = $\frac{4}{3}P4$ ($\bar{1}45$)) vor.

Eine Analyse dieses Titanits verdanke ich der gütigen Mittheilung des Herrn Harrington, welcher folgende Zusammensetzung fand:

32.09 SiO_2; 37.03 TiO_2; 1.16 FeO; 28.50 CaO; 0.66 Glühverl. = 99.47.

Demnach trotz des gleichen äusseren Habitus doch auffallend verschieden von dem Titanit von Renfrew, besonders in Hinsicht auf den Kalkgehalt. Die Analyse gleicht am meisten der des Titanits vom Laacher See, jedoch sind die optischen Eigenschaften dieser beiden Vorkommen sehr verschieden.

Der scheinbare Winkel der optischen Axen wurde gemessen zu:

$$2\,E = 94^0\,11'\,30''\ (Li);\quad 88^0\,16'\,30''\ (Na);\quad 85^0\,29'\ (Tl).$$

Für rothes Licht also um 22⁰ grösser als bei dem Titanit vom Laacher See, aber nur $3\frac{1}{4}^0$ grösser als bei dem Titanit von Renfrew, bei welchem aber die Dispersion der Axen bedeutend stärker ist als bei diesem.

10. Titanit von Monroe in Michigan U. S. A.

Dieser Titanit ist seiner äusseren Form nach sehr ähnlich dem von Arendal, doch haben die Krystalle eine etwas hellere Färbung.

Vorwiegend ist die Hemipyramide $\frac{2}{3}P2$ ($\bar{1}23$) = n, an den Enden 0P (001) = P, und $P\infty$ ($\bar{1}01$) = y. Zwillingskrystalle fanden sich nicht.

Die chemische Analyse ergab folgende Zusammensetzung:

30.92 SiO_2; 34.44 TiO_2; 2.61 Al_2O_3; 7.84 Fe_2O_3; 23.93 CaO; 0.32 MgO; 0.20 Glühverl. = 100.26.

Von allen beschriebenen Vorkommen hat dieser Titanit den höchsten Gehalt an Eisenoxyd, den niedrigsten an Titansäure.

Wie in der chemischen Zusammensetzung von allen anderen Varietäten durchaus verschieden, so im optischen Verhalten.

Der scheinbare Winkel der optischen Axen ist:

$$2\,E = 63^0\,51'\,40''\ (Li);\quad 60^0\,13'\,30''\ (Na);\quad 56^0\,28'\,40''\ (Tl).$$

Die Dispersion der Axen ist also hier geringer als bei irgend einem anderen der genannten Titanite (Gesammtdifferenz nur 7⁰ 23′). Der Winkel der optischen Axen aber trotz des hohen Gehaltes an Eisenoxyd verhältnissmässig klein.

11. Keilhauit von Buoe bei Arendal.

Die Krystalle von Keilhauit, welche in ihrem äusseren Habitus den dunkelbraunen canadischen Titaniten gleichen, und auch dieselbe Zwillingsbildung zeigen, wie diese, weisen gewöhnlich folgende Flächen auf:

0P (001) = P, $P\infty$ ($\bar{1}01$) = y, ∞P (110) = l, $\frac{2}{3}P2$ ($\bar{1}23$) = n, $-2P2$ (121) = t.

Analysirt wurde dieses Mineral von A. Erdmann (Berz. Jahresb. 25. 328), von D. Forbes (Edinb. N. Phil. J. II) und von Rammelsberg (Pogg. Ann. 106. 296). Die Resultate dieser Analysen habe ich in folgender Tabelle zusammengestellt:

	a.	b.	c.	d.	e.
SiO_2 =	30.00	29.45	31.33	28.50	29.48 %
TiO_2 =	29.01	28.14	28.04	27.04	26.67
Al_2O_3 =	6.09	5.90	8.03	5.45	6.24
Fe_2O_3 =	6.35	6.48	6.87 (FeO)	5.90	6.75
MnO =	0.67	0.86	0.28	—	—
CeO =	0.32	0.63	0.52 (BeO)	-	—
CaO =	18.92	18.68	19.56	17.15	20.29
YO =	9.62	9.74	4.78	12.08	8.14
				+ CeO	
MgO =	—	—	—	0.94	—
K_2O =	—	—	—	3.59	0.54
	100.98	99.88	99.41	100.65	98.73

(a und b von Erdmann, c von Forbes, d und e von Rammelsberg, erstere mit krystallisirtem, letztere mit derbem Material.)

Da der scheinbare Winkel der optischen Axen zu gross war, als dass die Pole in Luft hätten austreten können, so wurde derselbe in Monobromnaphtalin gemessen. Herr Dr. phil. Klingemann hatte die grosse Freundlichkeit, dieses im chemischen Laboratorium der Universität Bonn darzustellen. Das Präparat hatte nach mehrfach wiederholter Destillation eine hellgelbe Farbe. Der Brechungsexponent wurde bestimmt zu:

1.6472 (Li); 1.6579 (Na); 1.6681 (Tl).

Bei Anwendung dieser Flüssigkeit erhielt ich für den scheinbaren Winkel der optischen Axen folgende Werthe:

$2E = 60^\circ 38' 30''$ (Li); $58^\circ 39'$ (Na); $57^\circ 28'$ (Tl).

Daraus berechnet sich für den scheinbaren Winkel der optischen Axen in Luft:

$2E = 112^\circ 31' 20''$ (Li); $108^\circ 34' 40''$ (Na); $106^\circ 37' 20''$ (Tl).

Also bedeutend grösser als bei irgend einer Titanitvarietät, die Dispersion der Axen aber geringer.

Um zum Schlusse dieses Theiles eine Übersicht über die Analysen und die scheinbaren Winkel der optischen Axen zu geben, füge ich folgende Tabellen bei:

I. Chemische Zusammensetzung

(nach der Menge des Eisengehaltes geordnet).

Fundort	SiO_2	TiO_2	Fe_2O_3	Al_2O_3	CaO	MnO	%
1. Eisbruckalp	30.87	42.43	—	—	26.61	—	100.81
2. St. Gotthard	29.12	42.09	—	—	27.90	Spur	99.11
3. Val Maggia	30.08	39.55	—	—	28.26	1.72	99.61
4. Wildkreuzjoch	34.57	44.92	Spur		22.54	—	102.03
5. Zillerthal	32.29	41.58	1.07		26.61	—	101.55
6. Grenville	32.09	37.06	1.16 (FeO)	—	28.50	—	98.81
7. Renfrew	30.58	41.41	1.35	2.55	22.55	0.29 (MgO)	98.73
8. Laacher See	30.10	38.12	1.86	—	29.59	—	99.67
9. Arendal	31.20	40.92	5.63	—	22.25	—	100.00
10. (Keilhauit) Buoe	28.50	27.04	5.90	5.45	17.50	13.02 {MgO, CeO, YO}, 3.59 K_2O	100.65
11. Monroe	30.92	34.44	7.84	2.61	23.93	0.32	100.06

II. Scheinbarer Winkel der optischen Axen

(nach der Grösse geordnet).

Fundort	Li	Diff.	Na	Diff.	Tl	Gesammtdiff.
1. Zillerthal . .	51° 3′ 0″	5°22′ 40″	45°40 40″	5°48′ 0″	39°52′ 40″	11°10′ 20″
2. Wildkreuzjoch	52 36	4 51 50	47 44 10	3 21 10	44 23	8 13
3. Eisbruckalp . .	54 52 9	4 30 59	50 21 10	4 54 40	45 26 30	9 25 39
4. St. Gotthard .	57 20 30	4 50 50	52 29 40	4 35	47 54 40	9 25 50
5. Monroe . .	63 51 40	3 38 10	60 13 30	3 44 50	56 28 40	7 23
6. Val Maggia	69 1 40	5 43 40	63 27	4 56 20	58 30 40	10 31
7. Laacher See .	72 10	4 0 40	68 9 20	5 16 32	62 52 48	9 17 12
8. Arendal	76 27 45	5 10 35	71 17 10	4 53	66 24 10	10 3 35
9. Renfrew	90 56 40	4 57 50	85 58 50	5 40 30	80 18 20	10 38 20
10. Grenville .	94 11 30	5 55	88 16 30	2 47 30	85 29	8 42 30
11. Buoe (Keilhanit)	112 31 20	3 56 40	108 34 40	1 57 20	106 37 20	5 54 20

Bei der Vergleichung dieser beiden Tabellen sieht man, dass im Allgemeinen die eisenhaltigen Titanite einen grösseren Winkel der optischen Axen haben, als die eisenfreien. Ausgenommen sind der Titanit von Monroe, welcher bei sehr hohem Eisengehalt einen verhältnissmässig kleinen Axenwinkel, und der Titanit vom Zillerthal, welcher bei 1.07 % Fe_2O_3 den kleinsten Axenwinkel hat. Dass der Titanit vom Val Maggia bei vollständigem Mangel an Eisen einen ziemlich grossen Axenwinkel aufweist, liesse sich vielleicht durch den Mangangehalt erklären.

Ferner aber geht hervor, dass die Grösse des Axenwinkels bei den eisenhaltigen Titaniten nicht im Verhältniss steht zu dem Eisengehalt, dass also ein gesetzmässiger Zusammenhang hier wohl nicht vorhanden ist.

Die bedeutenden Differenzen können daher nicht auf fremde Beimengungen allein zurückgeführt werden: ihre Ursache mag auch zum Theil auf verschiedenen Entstehungsweisen und Druckerscheinungen beruhen.

Erwähnt sei noch, dass beim Erhitzen der Präparate (selbst über 200° C.) die optischen Eigenschaften keine wesentlichen Veränderungen erlitten.

II. Krystallographischer Theil.

Die in diesem Theile der Arbeit behandelten Titanitkrystalle stammen von folgenden Fundorten her: Kreuzlithal in Graubünden, Val Maggia, Tavetsch, Ofenhorn, Binnenthal, Kriegalp und Eisbruckalp.

Dazu kommen noch einige Bemerkungen über den canadischen Titanit, von welchem durch die grosse Freundlichkeit des Herrn Geheimrath Prof. Dr. G. vom Rath mehrere Krystalle mir zur Verfügung gestellt wurden.

Die Untersuchungen für dieses Mineral, dessen Kenntniss in krystallographischer Beziehung besonders durch die Arbeiten von F. Hessenberg[1] gefördert worden ist, welcher 44 verschiedene Theilgestalten zusammenstellte, haben nun eine grosse Anzahl neuer Flächen ergeben, so dass im Ganzen

[1] Hessenberg: Abhandl. der Senckenb. naturf. Ges. in Frankf. a. M. 1856—72.

75 verschiedene Formen als am Titanit auftretend zu verzeichnen sind.

Im Folgenden sind die Resultate der Untersuchungen zusammengestellt.

1. Titanit vom Kreuzlithal. (Taf. I Fig. 1 u. 2.)

Das vorliegende Stück besteht aus mehreren etwa 2 cm. langen, 1 cm. breiten Krystallen, welche eine Dicke von nur 2—3 mm. haben. Je zwei dieser Krystalle befinden sich in Zwillingsstellung (Durchkreuzungszwillinge nach dem Gesetz Z.E = 0P (001) = P), und sind zum Theil bedeckt von Adularkrystallen, welche ihrerseits wieder einen Überzug von Chlorit tragen. Die Farbe des Titanits ist eine trüb gelblichgrüne, die Flächen jedoch sind glänzend ausgebildet mit Ausnahme derjenigen des Hemidomas $\frac{1}{2}P\infty$ $(\bar{1}02)$ = x, welche uneben und matt sind. Letztgenannte Fläche ist die an den Krystallen vorherrschende und bedingt die tafelförmige Ausbildung derselben.

Die durch ihren Flächenreichthum ausgezeichneten Krystalle stellen folgende Combination dar:

0P (001) = P,	$4P4$ $(\bar{1}41)$ = s,
$P\infty$ $(\bar{1}01)$ = y,	$2P6$ $(\bar{1}63)$ = d,
$\frac{1}{2}P\infty$ $(\bar{1}02)$ = x,	$\frac{2}{3}P2$ $(\bar{1}23)$ = n,
∞P (110) = l,	$-\frac{1}{2}P$ (112) = i,
$\infty P3$ (130) = M,	$-2P2$ (121) = t,
$P\infty$ (011) = r,	$-\frac{4}{3}P4$ (143) = w.
$\frac{1}{3}P\infty$ (013) = o,	

Ausser dem schon vorher erwähnten Doma $\frac{1}{2}P\infty$ sind gross ausgebildet die Flächen der Basis 0P (001), des Domas $P\infty$ $(\bar{1}01)$, des Prismas ∞P (110) und bei einigen Krystallen die Flächen der Pyramiden $4P4$ $(\bar{1}41)$ und $\frac{2}{3}P2$ $(\bar{1}23)$. Alle übrigen Flächen treten nur sehr untergeordnet auf und sind auch nicht an allen Individuen vorhanden; $-2P2$ (121), $-\frac{4}{3}P4$ (143), $P\infty$ (011) als schmale Streifen in der Zone $\frac{2}{3}P2$ $(\bar{1}23)$ und ∞P (110); $2P6$ $(\bar{1}63)$ und $\infty P3$ $(\bar{1}30)$ in der Zone $P\infty$ (011) und $4P4$ $(\bar{1}41)$. Dieser Zonenverband tritt besonders in der geraden Projection (Fig. 2) deutlich hervor.

Es wurde

	gemessen:	berechnet:		gemessen:	berechnet:
110 : 130 =	51° 54′	52° 17′	110 : $\bar{1}23$ =	78° 49′	78° 50′
110 : $01\bar{1}$ =	73 32	73 56	$\bar{1}41$: $14\bar{1}$ =	67 55	67 58

	gemessen:	berechnet:		gemessen:	berechnet:
$\bar{1}41 : 163$	$= 20^0\ 9'$	$19^0\ 55'$	$\bar{1}41 : \bar{1}12$	$= 75^0\ 20'$	$74^0\ 59'$
$\bar{1}41 : 011$	$= 46\ 37$	$46\ 40$	$011 : \bar{1}23$	$= 27\ 17$	$27\ 14$
$\bar{1}41 : \bar{1}30$	$= 20\ 28$	$20\ 23$	$001 : 013$	$= 11\ 36$	$12\ 19$
$\bar{1}41 : \bar{1}2\bar{1}$	$= 48\ 28$	$48\ 50$			

Anmerkung. Die nebenstehenden berechneten Werthe sind aus den Elementen, welche HESSENBERG angiebt (nach DES CLOIZEAUX berechnet), abgeleitet, nämlich aus dem Axenverhältniss:

$$a : b : c = 0.427145 : 1 : 0.657564$$

und

$$\beta = 85^0\ 22'\ 22''.$$

Dieselben Elemente sind auch bei allen folgenden Berechnungen in Anwendung gekommen. Die Winkel sind hier wie im Folgenden Normalenwinkel.

2. Titanit vom Val Maggia, Cant. Tessin. (Taf. I Fig. 3.)

Die Combination der kleinen mit nur schwach glänzenden Flächen ausgebildeten Krystalle ist folgende:

$0P$	$(001) = P,$	$\frac{1}{2}P$	$(\bar{1}12) = z,$
$\frac{1}{2}$Ꝑ∞	$(\bar{1}02) = x,$	$\frac{7}{4}$Ꝑ$\frac{7}{2}$	$(274) = Z,$
Ꝑ∞	$(\bar{1}01) = y,$	∞P	$(110) = l,$
∞Ꝑ∞	$(010) = q,$	∞Ꝑ3	$(130) = M.$
$\frac{2}{3}$Ꝑ2	$(123) = n.$		

Die Fläche $\frac{7}{4}$Ꝑ$\frac{7}{2}$ (274) ist neu. Dieselbe wurde an einem Krystalle beobachtet als Abstumpfung der Combinationskante von $\frac{1}{2}P\infty$ $(\bar{1}02)$ und $\infty P\infty$ (010) zugleich mit der seltenen Fläche $\frac{1}{2}P$ $(\bar{1}12)$. Wegen des schwachen Glanzes beider Flächen waren Messungen mit dem Goniometer nur mit aufgesetzter Lupe möglich; dieselben ergaben:

$\bar{1}02 : \bar{1}12 = 14^0\ 29'$ berechnet $15^0\ 8'\ 30''$
$\bar{1}02 : 274 = 43\ 26$ „ $43\ 31\ 30$

Gemessen wurde ferner:

$010 : 130 = 39^0\ 36'$ berechnet $38^0\ 3'\ 30''$
$001 : \bar{1}02 = 39\ 17$ „ $39\ 20\ 3$

Für die Pyramide $\frac{7}{4}$Ꝑ$\frac{7}{2}$ (274) berechnet sich:

$274 : 2\bar{7}4 = 87^0\ 3'$; $001 : 274 = 55^0\ 53'\ 15''$.

Nur selten finden sich Krystalle von Titanit, bei welchen die prismatische Zone so stark hervortritt, wie bei diesem Vorkommen. Vorzüglich sind die Flächen des Prismas ∞P (110)

ausgebildet, während die Flächen des Prismas $\infty P3$ (130) und der Symmetrieebene $\infty P\infty$ (010) nur als weniger breite Streifen auftreten. An den Enden der Krystalle findet sich vorwiegend $\frac{1}{2}P\infty$ $(\bar{1}02)$, wogegen 0P (001) und $P\infty$ $(\bar{1}01)$ ziemlich zurücktreten. Die Flächen der Hemipyramide $\frac{2}{3}P2$ $(\bar{1}23)$ sind nur sehr klein und fehlen bei vielen Krystallen vollständig.

Zu erwähnen ist noch, dass sich auf sämmtlichen vier vorliegenden Handstücken dieses Fundortes keine Zwillingskrystalle vorgefunden haben, während doch sonst die aufgewachsenen Titanitkrystalle fast stets Zwillingsbildung erkennen lassen.

3. Titanit von Tavetsch (Taf. I Fig. 4.)

Aufgewachsen auf glänzenden durchsichtigen Adularkrystallen fanden sich kleine 2—3 mm. lange Kryställchen von Titanit von blassgelber Farbe und schöner Ausbildung. Zur Messung wurde ein 2 mm. langer, 1 mm. dicker Krystall abgelöst.

Es fanden sich folgende Flächen:

0P (001) = P,	$\infty P3$ (130) = M,
$\frac{1}{2}P\infty$ $(\bar{1}02)$ = x,	$P\infty$ (011) = r,
$P\infty$ $(\bar{1}01)$ = y,	$\frac{2}{7}P\infty$ (027) = O,
$\frac{2}{3}P2$ $(\bar{1}23)$ = n,	$-\frac{4}{3}P4$ (143) = w,
$4P4$ $(\bar{1}41)$ = s,	$\frac{6}{13}P3$ $(6.2.13)$ = L',
$-2P2$ (121) = t,	$\frac{11}{24}P\frac{11}{8}$ $(\bar{1}\bar{1}.8.24)$ = Λ.
∞P (110) = l,	

Die drei Flächen $\frac{2}{7}P\infty$ (027), $\frac{6}{13}P3$ (6.2.13), $\frac{11}{24}P\frac{11}{8}$ $(\bar{1}\bar{1}.8.24)$ sind bisher am Titanit nicht beobachtet worden. Die Flächen des neuen Klinodomas $\frac{2}{7}P\infty$ sind ziemlich gross ausgebildet und stark glänzend. Ihre Neigung zur Basis 0P (001) wurde gemessen zu:

$$10^{0}\ 57'; \quad \text{berechnet } 10^{0}\ 38'\ 34'',$$

somit sehr nahe dem Klinodoma $\frac{1}{3}P\infty$: aber bei den guten Reflexen, welche die Flächen im Goniometer ergaben, ist die Identität der beiden Domen ausgeschlossen.

Die Flächen der Hemipyramide $\frac{6}{13}P3$ (6 . 2 . 13) liegen in der Zone $\frac{1}{2}P\infty$ $(\bar{1}02)$ und $\frac{2}{3}P2$ $(\bar{1}23)$ (s. Fig. 4). Das Symbol berechnet sich aus der Neigung:

$$\bar{1}02 : 6 . \bar{2} . 13 = 5^{0}\ 16'; \quad (\text{berechnet } 5^{0}\ 28'\ 49'').$$

Diese Pyramide scheint die Ursache einer Knickung zu sein, welche häufig an Titanitkrystallen auf der Fläche des Domas $\frac{1}{2}P\infty$ ($\bar{1}02$) zu beobachten ist. Im vorliegenden Falle war diese Hemipyramide gut ausgebildet und lieferte auch brauchbare Reflexe.

Berechnet wurde noch:

6 . 2 . 13 : $\bar{6}$. 2 . 13	=	13° 2′ 54″,
$\bar{6}$. 2 . 13 : 001	=	53 21 47.

Die dritte neue Fläche $\frac{11}{24}P\frac{11}{8}$ ($\bar{1}\bar{1}$. 8 . 24) = Δ liegt in der Zone $\frac{1}{2}P\infty$ ($\bar{1}02$), $\infty P8$ (180), 4P4 ($\bar{1}41$), wie die vorher erwähnte ebenfalls mit nur geringer Neigung gegen $\frac{1}{2}P\infty$.

Die Messung ergab:

$\bar{1}02$: $\bar{1}\bar{1}$. 8 . 24 = 10° 57′; berechnet 10° 50′ 57″.

Auch die Flächen dieser Pyramide sind gross ausgebildet und besitzen schönen Glanz. Es berechnet sich für diese Form:

$\bar{1}\bar{1}$. 8 . 24 : $\bar{1}\bar{1}$. $\bar{8}$. 24	=	28° 41′ 0″
$\bar{1}\bar{1}$. 8 . 24 : 001	=	54 33
$\bar{1}\bar{1}$. 8 . 24 : $\bar{1}41$	=	47 44 10.

	Gemessen wurde:	berechnet:
011 : $\bar{1}20$	= 27° 8′	27° 14′
$\bar{1}23$: 143	= 49 4	48 53
$\bar{1}23$: 121	= 71 27	71 21
$\bar{1}23$: $\bar{1}\bar{1}0$	= 78 44	78 50
121 : 130	= 27 49	28 27
121 : $14\bar{1}$	= 49 41	48 50
121 : $01\bar{1}$	= 84 19	84 30
$\bar{1}41$: 141	= 67 52	67 58
$\bar{1}23$: $\bar{6}$. 2 . 13	= 24 20	23 37 20″.

4. Titanit vom Ofenhorn im Binnenthal.
(Taf. I Fig. 5 u. 6.)[1]

Die bis 4 mm. langen, 2 mm. breiten Titanitkrystalle vom Ofenhorn haben eine gelblichgrüne Farbe, welche nach den Enden zu allmählig in dunkelbraun übergeht. Sie sind zusammen mit grösseren Quarz- und winzigen Adularkrystallen auf einem Glimmerschiefer aufgewachsen und erhalten durch die vorzügliche Ausbildung einer Zone ein eigenartiges Aussehen.

---

[1] Die Figur ist so gezeichnet, dass die Hemipyramide 4P4 = s als verticales Prisma erscheint.

Die Untersuchung ergab die Combination folgender 13 Formen:

0P (001)	= P,	$-2P2$ (121)	= t,
P∞ ($\bar{1}01$)	= y,	$-3P\frac{3}{2}$ (231)	= t^1,
$\frac{1}{2}$P∞ ($\bar{1}02$)	= x,	$-\frac{7}{2}P\frac{7}{5}$ (572)	= t^2,
∞P (110)	= l,	$-\frac{9}{2}P\frac{9}{7}$ (792)	= t^4,
$\frac{2}{3}$P2 ($\bar{1}23$)	= n,	$-5P\frac{5}{4}$ (451)	= t^5 (ϑ),
4P4 ($\bar{1}41$)	= s,	$-6P\frac{6}{5}$ (561)	= t^6.
$\frac{12}{13}$P12 ($\bar{1}$. 12 . 13)	= D,		

Ein Krystall zeigte ausserdem noch die Fläche ∞P3 (130) = M.

Neu sind die vier Flächen:

$\frac{12}{13}$P12 ($\bar{1}$. 12 . 13), $-6P\frac{6}{5}$ (561), $-\frac{9}{2}P\frac{9}{7}$ (792), $-\frac{7}{2}P\frac{7}{5}$ (572).

Sie liegen sämmtlich in der Zone:

P∞ ($\bar{1}01$), ∞P ($\bar{1}10$), P∞ (011);

dieselben bewirken zahlreiche Streifen auf den Flächen des Prismas ∞P, und runden letzteres nach seiner Combinationskante mit $\frac{2}{3}$P2 hin ab.

Die Fläche $\frac{12}{13}$P12 ($\bar{1}$. 12 . 13), welche auf den Flächen der Pyramide $\frac{2}{3}$P2 ($\bar{1}23$) eine Streifung verursacht, ist nur sehr schmal ausgebildet: ihre Neigung zu $\frac{2}{3}$P2 wurde gemessen zu 21° 14′ (berechnet 21° 7′ 56″).

Auch wurde gemessen $\bar{1}$. 12 . 13 : $\bar{1}01$ = 59° 19′,
berechnet = 59° 23′ 56″.

Fernere Berechnungen ergaben:

$\bar{1}$. 12 . 13 : $\bar{1}$. $\bar{12}$. 13	= 62° 36′ 0″
$\bar{1}$. 12 . 13 : 001	= 31 57 20
$\bar{1}$. 12 . 13 : 110	= 80 2 4.

Die übrigen drei Flächen $-6P\frac{6}{5}$, $-\frac{9}{2}P\frac{9}{7}$, $-\frac{7}{2}P\frac{7}{5}$ liegen zwischen ∞P (110) und $-2P2$ (121) mit den beiden Flächen, $-3P\frac{3}{2}$ (231) und $-5P\frac{5}{4}$ (451) eine fast continuirliche Reihe bildend, indem die Abschnitte auf der Vertikalaxe fortschreiten wie 2, 3, $3\frac{1}{2}$, $4\frac{1}{2}$, 5, 6, ∞. Das fehlende Glied 4 ist durch spätere Untersuchungen ebenfalls hinzugekommen.

Die Fläche $-3P\frac{3}{2}$ (231) wurde zuerst von Jeremejew an dem Titanit aus den Achmatowskschen Gruben der Nasjam'schen Berge beobachtet[1]. Jeremejew wählt die Aufstellung für den

[1] P. W. Jereméjew, Titanit des Nasjamschen und des Ilmengebirges. Verhandl. d. kais. russ. min. Ges. [2] XVI. 1881 (cf. Groth, Zeitschr. f. Kryst. V. 499).

Titanit, wie sie DES CLOIZEAUX angiebt, und darnach erhält diese Form das Zeichen (334) = $\frac{3}{4}$P. Bei den Krystallen vom Ofenhorn sind die Flächen dieser Form nur als schmale Streifen ausgebildet. Gemessen wurde ihre Neigung zum Prisma 110 : 231 = 16° 49′, berechnet 17° 32′ 27″. Es berechnet sich ferner:

$$231 : \bar{2}31 = 61^{\circ}\ 29'\ 40''$$
$$231 : 001 = 71\ \ 6\ \ 17$$
$$231 : 10\bar{1} = 58\ \ 6\ \ 27.$$

Diese Fläche liegt auch noch in der Zone: $-P\infty$ (101), $\infty P3$ (130), $3P\infty$ ($03\bar{1}$), und es berechnet sich:

$$101 : 231 = 33^{\circ}\ 32'\ 5''.$$

Ebenfalls nur als schmaler Streifen erscheint die Fläche $-\frac{7}{2}P\frac{7}{5}$ (572) = t^2.

Gemessen wurde 572 : 110 = 14°, berechnet 14° 26′ 44″.

Fernere Berechnungen ergaben:

$$572 : \bar{5}72 = 59^{\circ}\ 7'\ 40''$$
$$572 : 001 = 70\ \ 40\ \ 3$$
$$572 : 10\bar{1} = 55\ \ 0\ \ 44.$$

Auch die Fläche $-\frac{9}{2}P\frac{9}{7}$ (792) = t^4 ist nur schmal entwickelt. Es wurde gemessen:

$$792 : 110 = 10^{\circ}\ 32';\quad \text{berechnet } 10^{\circ}\ 37'\ 10''.$$

Folgende Winkel wurden berechnet:

$$792 : \bar{7}92 = 56^{\circ}\ 0'\ 28''$$
$$792 : 001 = 76\ \ 49\ \ 37$$
$$792 : 10\bar{1} = 51\ \ 11\ \ 10.$$

Grösser sind die Flächen der Hemipyramide $-5P\frac{5}{4}$ (451) ausgebildet. Diese Fläche wurde durch G. VOM RATH[1] am Titanit von Zöptau bestimmt durch die Messung:

$$-5P\tfrac{5}{4} : \infty P = 9^{\circ}\ 30';\quad \text{berechnet } 9^{\circ}\ 23'\ 45''.$$

Erwähnt wird an betreffender Stelle, dass vielleicht eher die Fläche $-4P\frac{4}{3}$ (341) zu erwarten gewesen wäre, die sich durch zwei Zonen bestimme, dass aber diese Fläche nicht vorkäme. Bei der vorzüglichen Ausbildung der Zone $-2P2$ (121), ∞P (110) etc. an diesen Krystallen vom Ofenhorn ist es allerdings befremdlich, dass die Fläche $-4P\frac{4}{3}$ (341) nicht vorgefunden wurde, während Flächen mit viel complicirteren

[1] GROTH, Zeitschr. f. Kryst. V. 255. 1881.

Indices vorhanden sind. Ich habe jedoch Gelegenheit im weiteren Verlaufe der Arbeit nochmals auf diese Fläche zurückzukommen bei der Besprechung eines Krystalles von der Eisbruckalp, an welchem dieselbe thatsächlich nachgewiesen wurde.

Die Fläche $-6P\frac{6}{5}$ (561) = t^6 ist ebenfalls ziemlich schmal entwickelt. Gemessen wurde:

110 : 561 = 8° 18', berechnet 7° 36' 50''.

Berechnungen ergaben:

561 : 5̄61 =	53° 23' 0''
561 : 001 =	79 21 24
561 : 101̄ =	48 10 50.

Bei weitem vorherrschend an den Krystallen sind aber die Flächen der Pyramide 4P4 (1̄41) (Fig. 6), und von tadellosem Glanze. Vorzüglich waren auch die allerdings nicht sehr gross vorhandenen Flächen 0P (001), $\frac{1}{2}$P∞ (1̄02), P∞ (1̄01) zu Messungen geeignet. Diese ergaben:

1̄01 : 1̄10 =	40° 40',	berechnet	40° 34'
101 : 1̄21̄ =	70 13	„	70 23
1̄02 : 1̄01 =	20 57	„	21
1̄02 : 001 =	39 15	„	39 17
1̄41 : 141̄ =	67 51	„	67 58
141 : 1̄01 =	55 59	„	56 1
123 : 1̄23 =	43 45	„	43 48.

5. Titanit vom Binnenthal. (Taf. I Fig. 7 u. 8.)[1]

Die vorliegenden Krystalle sind auf Adular aufgewachsen und (mit diesem zugleich) zum Theil mit Chlorit überzogen. Weniger auffallend durch Flächenreichthum, als durch eine dem Titanit fremde Ausbildungsweise — sie haben fast die Gestalt einer vierseitigen Doppelpyramide —, erinnern dieselben auf den ersten Anblick durchaus nicht an Titanit. Dazu kommt noch eine eigenthümliche dunkelviolettbraune Färbung, die zuweilen in schwarz übergeht, nur hie und da hellere Flecken zurücklassend. In der Grösse schwanken die Krystalle von $\frac{1}{2}$ bis 3 mm. Von vorzüglichem Glanze und daher besonders zu Messungen geeignet waren die kleineren Krystalle, bei den grösseren sind die Flächen meist rauh und

[1] Der Krystall ist so um die Axe b gedreht, dass die Basis P in der Zeichnung als Orthopinakoïd erscheint.

matt, und diese sind es auch, welche, wie schon oben bemerkt, einen Überzug von Chlorit tragen.

Folgende Flächen treten auf:

$0P$	(001) = P,		$\infty P3$	(130)	= M.
$\frac{1}{2}P\infty$	(102) = x,		$-2P2$	(121)	= t.
$\frac{2}{3}P2$	$(\bar{1}23)$ = n,		$-6P2$	(361)	= U.
$4P4$	(141) = s,		$-4P\frac{12}{5}$	(5 . 12 . 3)	= l^3.

Wie aus den Figuren 7 und 8 zu erkennen, ist der pyramidale Habitus der Krystalle bedingt durch das vorwiegende Auftreten der beiden Hemipyramiden $-2P2$ (121) und $\frac{2}{3}P2$ $(\bar{1}23)$. Im Vergleich zu diesen beiden Formen sind alle übrigen nur untergeordnet vorhanden. Von besonders gutem Glanz ist das Hemidoma $\frac{1}{2}P\infty$ $(\bar{1}02)$, welches bekanntlich bei den meisten Titanitkrystallen uneben und daher zu genauen Messungen nicht geeignet ist.

Als neue Flächen sind zu verzeichnen:

$-6P2$ (361) = U und $-4P\frac{12}{5}$ (5 . 12 . 3) = l^3.

Die Fläche U fand sich als schmale aber spiegelnde Abstumpfung der Combinationskante von $-2P2$ (121) und $\frac{2}{3}P2$ $(\bar{1}23)$ mit einer Neigung gegen $-2P2$ (121) von 15° 58′ (berechnet 16° 27′). Für diese Fläche ergeben sich noch zwei andere Zonen:

1. $-P\infty$ (101), $-3P\frac{3}{2}$ (231), $-6P2$ (361), $\infty P3$ (130).
2. ∞P (110), $-6P2$ (361), $3P\infty$ (031), $2P2$ $(\bar{1}21)$.

Es berechnen sich folgende Neigungen:

361 : 361	=	78° 41′ 28″
361 : 001	=	77 14 3
361 : 101	=	43 16
361 : 110	=	20 51 3.

Eine Streifung auf den Flächen von $-2P2$ (121) parallel verlaufend der Combinationskante von $-2P2$ (121) und $\infty P3$ (130) deutete auf das Vorhandensein einer Fläche dieser Zone. Mit Hülfe des Goniometers wurde die Neigung dieser Fläche gegen $\infty P3$ (130) zu 16° 16′ gemessen. Daraus berechnet sich das Symbol $-4P\frac{12}{5}$ (5 . 12 . 3) = l^3; die berechnete Neigung ist 16° 39′.

Diese Form liegt ferner in der Zone:

∞P (110), $2P6$ $(\bar{1}63)$.

Berechnet wurden die Winkel:

5 . 12 . 3 : 5 . $\bar{1}2$. 3	=	85° 42′ 54″.
5 . 12 . 3 : 001	=	71 38 39.

Weitere Messungen ergaben:

$121 : \bar{1}21$	$= 69^\circ\ 57'$,	berechnet	$69^\circ\ 8'$
$\bar{1}23 : \bar{1}23$	$= 44\ \ 8$	„	$43\ 48$
$121 : \bar{1}23$	$= 71\ 23$	„	$71\ 21$
$121 : \bar{1}23$	$= 83\ 14$	„	$84\ \ 9$
$001 : \bar{1}02$	$= 39\ 15$	„	$39\ 17$
$001 : \bar{1}41$	$= 73\ 46$	„	$73\ 55$
$\bar{1}23 : 001$	$= 34\ 50$	„	$35\ \ 4$
$121 : 001$	$= 60\ 49$	„	$60\ 47$
$102 : \bar{1}41$	$= 58\ 33$	„	$58\ 35\ 7''$
$\bar{1}02 : \bar{1}2\bar{1}$	$= 86\ 42$	„	$87\ 29$
$130 : 121$	$= 28\ 33$	„	$28\ 27$
$14\bar{1} : 121$	$= 49\ \ 3$	„	$48\ 50$

Erwähnenswerth ist noch, dass sich auf vorliegender Stufe keine Zwillingsgestalten vorgefunden haben, sondern ausschliesslich einfache Krystalle. Dasselbe gilt übrigens auch für die Krystalle vom Ofenhorn, welche ebenfalls keine Zwillingsbildung erkennen lassen.

6. Titanit vom Schwarzenstein im Zillerthal.
(Taf. I Fig. 9 u. Taf. II Fig. 10.)

An einem der bekannten grossen Krystalle von Titanit vom Schwarzenstein, von hellgrüner Farbe und klar durchsichtiger Beschaffenheit, tafelförmig nach der Basis ausgebildet, fand sich in einer Art Hohlraum angewachsen ein kleiner nicht ganz 3 mm. langer, 1 mm. dicker Krystall mit prachtvoll glänzenden Flächen. Da derselbe einen ausserordentlichen Flächenreichthum verrieth und ausserdem durch die Ausbildungsweise die Aufmerksamkeit auf sich lenkte, so löste ich ihn zur näheren Untersuchung ab. Bei dem Gewirre von Flächen und dem unsymmetrischen Bau des Kryställchens war es anfangs schwer, vorerst dasselbe in die richtige Stellung zu bringen.

Dasselbe stellt folgende Combination dar:

0P	(001)	$=$ P,	$\frac{4}{5}$P	(445)	$= \mu$,
$\frac{1}{2}\bar{P}\infty$	$(\bar{1}02)$	$=$ x,	$\frac{2}{3}\bar{P}2$	$(\bar{1}23)$	$=$ n,
$\frac{1}{3}\bar{P}\infty$	$(\bar{1}03)$	$=$ o′,	$2\bar{P}6$	$(\bar{1}63)$	$=$ d,
$\infty\bar{P}\infty$	(010)	$=$ q,	$\frac{10}{3}\bar{P}10$	$(\bar{1}.10.3)$	$= \varrho$,
$8\bar{P}8$	$(\bar{1}81)$	$= \zeta$,	$-2\bar{P}2$	(121)	$=$ t,
$4\bar{P}4$	(141)	$=$ s,	$-\frac{3}{2}\bar{P}3$	(132)	$= \xi$,
$2\bar{P}2$	$(\bar{1}21)$	$= \varepsilon$,	$-\frac{4}{3}\bar{P}4$	(143)	$=$ w,
$\bar{P}2$	$(\bar{1}22)$	$=$ A,	$\bar{P}\infty$	$(\bar{1}01)$	$=$ y

Davon sind neu die Flächen:

$P2\,(\bar{1}22) = A$ und $\frac{4}{5}P\,(\bar{4}45) = \mu$.

Über die Ausbildungsweise ist folgendes zu bemerken. Zunächst ist nur eine Seite des Krystalls ausgebildet, etwa so, wie es die gerade Projection Taf. II Fig. 10 darstellt, wobei aber die correspondirenden Flächen meist ganz verschiedene Ausdehnung haben. Am ausgedehntesten zeigt sich eine Fläche der Hemipyramide $4P4\,(\bar{1}41) = s$, an derselben Seite und ebenfalls gross ausgebildet sind $\frac{10}{3}P10\,(\bar{1}\,.\,10\,.\,3) = \varrho$, $-\frac{4}{3}P4\,(143) = w$ und $\frac{4}{5}P\,(\bar{4}45) = \mu$.

An der anderen Seite d. h. der anderen Hälfte der ausgebildeten Seite des Krystalls, ist am grössten entwickelt $2P2\,(\bar{1}21) = \varepsilon$, $P2\,(\bar{1}22) = A$ und $P\infty\,(\bar{1}01) = y$. Alle übrigen Flächen sind mehr oder weniger untergeordnet vorhanden.

Die Hemipyramide $\frac{4}{5}P\,(\bar{4}45) = \mu$ wurde bestimmt durch die Zone:

$2P2\,(\bar{1}21)$, $2P6\,(\bar{1}63)$

und ihre Neigung gegen $2P2\,(\bar{1}21)$ gemessen zu $18^0\,30'$, berechnet $17^0\,53'\,30''$. Die Fläche ist, wie schon angegeben, an der einen Seite des Krystalls gross vorhanden, besitzt aber nicht den Glanz, den die meisten übrigen Flächen haben; sie ist vielmehr rauh und gestreift parallel der Combinationskante mit der an dieser Seite des Krystalls nur klein vorhandenen Fläche $P2\,(\bar{1}22)$.

Diese Fläche $\frac{4}{5}P$ liegt nun ausser in der Zone $0P\,(001)$, $\frac{1}{2}P\,(\bar{1}12)$ auch in der Zone:

$\frac{1}{2}P\infty\,(102)$, $\frac{4}{5}P\,(\bar{4}45)$, $\frac{4}{5}P4\,(\bar{1}45)$,

so dass sich also ein schöner Zonenverband für dieselbe ergiebt.

Folgende Werthe wurden berechnet:

$\bar{4}45 : \bar{4}\bar{4}5 = 38^0\ 5'\ 20''$
$\bar{4}45 : 001 = 56\ \ 0\ \ 7$
$\bar{4}45 : \bar{1}02 = 23\ \ 44\ \ 15$
$\bar{4}45 : 1\bar{4}\bar{5} = 58\ \ 4\ \ 8.$

Der Werth der Hemipyramide $P2\,(\bar{1}22) = A$ war von vornherein durch zwei Zonen gegeben:

1. $0P\,(001)$, $2P2\,(\bar{1}21)$, $-2P2\,(\bar{1}2\bar{1})$,
2. $P2\,(\bar{1}22)$, $2P6\,(\bar{1}63)$, $2P2\,(12\bar{1})$,

hieraus leitet sich das Zeichen $P2\,(\bar{1}22)$ ab. Ausserdem wurde aber auch gemessen:

$\bar{1}22 : \bar{1}21 = 18^\circ\, 23'$, berechnet $18^\circ\, 9'\, 47''$
$\bar{1}22 : \bar{1}2\bar{1} = 61\ \ 18$ „ $60\ \ 49\ \ 36$.

Die Fläche liegt noch in zwei weiteren Zonen:

1. $\frac{1}{2}$P∞ ($\bar{1}02$), $\frac{1}{2}$P ($\bar{1}12$), P2 ($\bar{1}22$), ∞P∞ (010).
2. P∞ (011), P2 ($\bar{1}22$), —P$\frac{3}{2}$ (233).

Es berechnen sich folgende Winkel für diese Fläche:

$\bar{1}22 : \bar{1}22 = 56^\circ\, 55'\, 20''$
$\bar{1}22 : 001 = 47\ \ 7\ \ 15$
$\bar{1}22 : 011 = 35\ \ 7\ \ 33$
$\bar{1}22 : \bar{1}02 = 28\ \ 27\ \ 40$.

Der grosse Krystall, von welchem das besprochene Stück abgelöst wurde, ist etwa 6 cm. lang und 3 cm. breit. Er ist tafelförmig ausgebildet durch das Vorherrschen der Basis 0P (001). daneben treten auf:

P∞ ($\bar{1}01$) = y, P∞ (011) = r, $\frac{2}{3}$P2 ($\bar{1}23$) = n.

Die Ergebnisse der Messungen sind:

		gemessen:	berechnet:
$\bar{1}41$	: $14\bar{1}$	= 67° 56′	67° 58′ 10″
$\bar{1}.10.3$	: $1.10.3$	= 52 59	52 53 4
$\bar{1}.10.3$	: $\bar{1}03$	= 63 27	63 33 28
$\bar{1}.10.3$	: 010	= 26 31	26 26 32
$\bar{1}41$	: $\bar{1}21$	= 19 28	19 24 54
$\bar{1}41$	: $\bar{1}81$	= 15 18	15 22 53
$\bar{1}41$	: 010	= 33 53	33 58 35
$\bar{1}.10.3$	: $\bar{1}41$	= 17 37	17 37 12
143	: 010	= 53 5	53 1
143	: 121	= 22 27	22 28
143	: 141	= 61 57	61 53 14
143	: 132	= 6 30	6 46
$\bar{1}23$	: $\bar{1}63$	= 72 36	72 31 30
$\bar{1}63$	: $\bar{1}.10.3$	= 13 13	13 12 58.

7. Titanit von der Kriegalp im Binnenthal.
(Taf. II Fig. 11—15.)

Von diesem Fundort war ein Handstück vorhanden, grösstentheils bestehend aus Adularkrystallen, zwischen und auf welchen kleine glänzende hellgelbe Kryställchen von Titanit sich gebildet hatten. Zur Untersuchung schienen besonders drei dieser Krystalle geeignet zu sein, welche sorgfältig abgelöst wurden, und die ich hier der Kürze halber mit I. II. III bezeichnen will. Die beiden ersteren sind einfache Krystalle, während der dritte einen Zwilling nach dem gewöhnlichen Gesetz Z. E = 0P (001) darstellt.

I. (Fig. 11 und 12). Dieser Krystall ist kaum $1\frac{1}{2}$ mm. lang, $\frac{1}{3}$ mm. dick und tafelförmig ausgebildet durch Vorwalten des Domas $\frac{1}{2}$P∞ ($\bar{1}$02) = x.

Die Combination ist folgende:

0P	(001)	= P,	4P4	($\bar{1}$41)	= s,
$\frac{1}{2}$P∞	($\bar{1}$02)	= x,	+$\frac{3}{5}$P2	($\bar{3}$.6.10)	= ψ,
P∞	($\bar{1}$01)	= y,	−8P$\frac{8}{3}$	(381)	= l′.
∞P3	(130)	= M,			

Alle Flächen sind glänzend, eben und scharf ausgebildet; neben $\frac{1}{2}$P∞ ($\bar{1}$02) noch vorwiegend P∞ ($\bar{1}$01), kleiner sind 4P4 ($\bar{1}$41) und ∞P3 (130): die Basis 0P (001) ist ziemlich schmal aber lang. Neu sind die beiden Formen:

$\frac{3}{5}$P2 ($\bar{3}$.6.10) = ψ und −8P$\frac{8}{3}$ (381) = l′.

Die erstere liegt in der Zone:

$\frac{1}{2}$P∞ ($\bar{1}$02), ∞P3 (130),

und tritt als Abstumpfung der Combinationskante dieser beiden Formen auf, dabei jedoch mehr nach $\frac{1}{2}$P∞ ($\bar{1}$02) hin geneigt. Gemessen wurde ihre Neigung zu ∞P3 (130):

130 : $\bar{3}$.6.10 = 86° 8′; berechnet 86° 7′ 27″.

Ferner wurde berechnet:

$\bar{3}$.6.10 : $\bar{3}$.$\bar{6}$.10 = 40° 36′ 44″,
$\bar{3}$.6.10 : 001 = 32 14 48.

Die Fläche −8P$\frac{8}{3}$ (381) = l′ liegt in der Zone 4P4 ($\bar{1}$41), ∞P3 ($\bar{1}$30) über ∞P3 hinaus mit der Neigung:

$\bar{1}$30 : 381 = 8° 59′; berechnet 8° 56′ 31″.

Diese Fläche ist nur klein ausgebildet, lieferte aber wegen ihres vollkommenen Glanzes sehr gute Reflexe. Dieselbe Form ist auch bei den übrigen Krystallen dieses Fundortes vorhanden, für welchen überhaupt die Ausbildung dieser Zone charakteristisch zu sein scheint.

Berechnet wurde noch:

381 : 38$\bar{1}$ = 84° 53′ 56″
381 : 001 = 78 47 4.

Messungen an dem Krystall ergaben:

	gemessen:	berechnet:
141 : $\bar{1}$41	= 67° 52′,	67° 58′
$\bar{1}$41 : $\bar{1}$30	= 20 15	20 23
001 : $\bar{1}$02	= 39 46	39 17
$\bar{1}$02 : $\bar{1}$01	= 20 37	21
$\bar{1}$01 : 001	= 60 11	60 17
101 : $\bar{1}$41	= 56 4	56 1
$\bar{1}$01 : $\bar{1}$20	= 59 30	59 30.

II. Bedeutend flächenreicher ist Krystall II (Fig. 13 u. 14), in seinen Dimensionen nur wenig verschieden von dem eben beschriebenen, um ein Geringes grösser. Vorzüglich ist die Randzone 4P4 ($\bar{1}$41), ∞P3 ($\bar{1}$30), —2P2 ($\bar{1}$2$\bar{1}$) entwickelt, wie es besonders bei der geraden Projection Fig. 14 hervortritt. Der Krystall ist tafelförmig nach $\frac{1}{2}$P∞ ($\bar{1}$02). Folgende Flächen treten auf:

0P	(001)	= P,	$\frac{2}{3}$P2	(123)	= n.
$\frac{1}{2}$P∞	($\bar{1}$02)	= x,	4P4	($\bar{1}$41)	= s,
P∞	($\bar{1}$01)	= y,	2P6	($\bar{1}$63)	= d,
P∞	(011)	= r,	16P$\frac{16}{5}$	(5.16.1)	= K.
∞P3	(130)	= M,	—8P$\frac{8}{3}$	(381)	= l′,
$\frac{10}{9}$P10	($\bar{1}\bar{0}$.1.9)	= y″,	—5P$\frac{5}{2}$	(251)	= l².
$\frac{5}{4}$P5	(514)	= y′.			

Der Krystall liefert somit vier für den Titanit neue Gestalten:

$\frac{10}{9}$P10 (10.1.9), $\frac{5}{4}$P5 (514), 16P$\frac{16}{5}$ (5.16.1), —5P$\frac{5}{2}$ (251).

Ausser $\frac{1}{2}$P∞ ($\bar{1}$02) ist gross ausgebildet P∞ ($\bar{1}$01), 0P (001) und $\frac{2}{3}$P2 ($\bar{1}$23), sehr klein nur P∞ (011). Alle Flächen aber besitzen eine vollkommene Beschaffenheit, ausgenommen sind nur die beiden neuen Hemipyramiden der orthodiagonalen Reihe, auf die ich weiter unten noch zurückkommen werde.

Die Flächen —5P$\frac{5}{2}$ (251) und 16P$\frac{16}{5}$ (5.16.1) liegen in der Zone:

2P6 ($\bar{1}$63), 4P4 ($\bar{1}$41), ∞P3 ($\bar{1}$30).

Die erstere ist ziemlich gross entwickelt und liegt über —8P$\frac{8}{3}$ (381) hinaus, deren Ausbildung an diesem Krystall ebenfalls sehr gut ist. Gemessen wurde:

130 : 251	= 13° 32′,	berechnet	13° 42′ 51″
251 : 381	= 4 55	„	4 46 20
251 : $\bar{1}$23	= 79 44	„	80 39 28.

Die Fläche liegt noch in den beiden folgenden Zonen:

1. $\frac{1}{2}P\infty$ $(\bar{1}02)$. $\frac{2}{3}P2$ (213), $P\infty$ $(01\bar{1})$.
2. ∞P $(\bar{1}10)$, $6P2$ $(36\bar{1})$, $3P\infty$ $(03\bar{1})$, $2P2$ $(12\bar{1})$.

Es berechnet sich:

$$
\begin{aligned}
251 : 25\bar{1} &= 84^\circ\ 24'\ 10''\\
251 : 001 &= 76\ \ 49\ \ 27\\
251 : 110 &= 25\ \ \ 6\ \ \ 9\\
251 : 01\bar{1} &= 80\ \ 45\ \ 51\\
251 : \bar{1}02 &= 75\ \ 51\ \ \ 5.
\end{aligned}
$$

Die Fläche $16P\frac{16}{5}$ $(5.16.1) = K$ stumpft die Combinationskante von $4P4$ $(\bar{1}41)$ und $\infty P3$ $(\bar{1}30)$ ab. und tritt nur als schmale Linie auf.

	Gemessen wurde:	berechnet:
$5.16.1 : \bar{1}30 =$	$4^\circ\ 41'$	$4^\circ\ 58'\ 9''$
$5.16.1 : \bar{1}41 =$	16 10	15 24 51.

Berechnet wurde noch:

$$
\begin{aligned}
5.16.1 : 5.16.\bar{1} &= 72^\circ\ 19'\ 54''\\
5.16.1 : 001 &= 88\ \ 11\ \ 47.
\end{aligned}
$$

Die beiden positiven Hemipyramiden $\frac{10}{9}P10$ $(\bar{1}\bar{0}.1.9)$ und $\frac{5}{4}P5$ $(\bar{5}14)$ liegen in der Zone:

$P\infty$ $(\bar{1}01)$, $P\infty$ $(01\bar{1})$, $\frac{2}{3}P2$ (123),

beide mit nur geringer Neigung gegen $P\infty$ $(\bar{1}01)$.

Die Flächen dieser Formen sind nicht scharf begrenzt. sondern gehen in einander über und bewirken so eine Rundung an den Ecken von $P\infty$ $(\bar{1}01)$. Daher waren auch die Reflexe sehr verschwommen, so dass die Bestimmung der Neigungen nur sehr approximativ ist.

Es fand sich für die erstere der beiden Flächen eine Neigung von $3\frac{1}{2}^\circ$ gegen $P\infty$ $(\bar{1}01)$, woraus sich der Werth $\frac{10}{9}P10$ $(\bar{1}\bar{0}.1.9)$ ableitet, berechnet ist:

$$
\begin{aligned}
\bar{1}\bar{0}.1.9 : \bar{1}01 &= 3^\circ\ 36'\ 24''\\
\bar{1}\bar{0}.1.9 : \bar{1}\bar{0}.\bar{1}.9 &= 4\ \ 22\\
\bar{1}\bar{0}.1.9 : 001 &= 63\ \ 11\ \ 55.
\end{aligned}
$$

Für die zweite Fläche wurde gemessen:

$\bar{5}14 : \bar{1}01 = 7^\circ$, berechnet $7^\circ\ 27'\ 7''$,

woraus sich der genannte Werth für die Pyramide ergiebt.

Es berechnet sich ferner:

$$
\begin{aligned}
\bar{5}14 : \bar{5}\bar{1}4 &= 8^\circ\ 57'\ 44''\\
\bar{5}14 : 001 &= 66\ \ 19\ \ 10.
\end{aligned}
$$

Weitere Messungen an dem Krystall lieferten:

	gemessen:	berechnet:		gemessen:	berechnet:
163 : $\bar{1}$63 =	79° 27′	79° 19′ 0″	130 : 101 =	59° 39′	59° 30′
163 : 123 =	27 55	28 8	001 : $\bar{1}$01 =	60 19	60 17
$\bar{1}$41 : $\bar{1}$30 =	20 51	20 23	001 : $\bar{1}$02 =	39 23	39 17
381 : 123 =	81 14	81 11 55	101 : 011 =	65 1	65 30
381 : 130 =	8 37	8 56 31	101 : 123 =	38 7	38 6.
130 : $\bar{1}$23 =	85 48	86 5 36			

III. Der dritte Krystall ist, wie schon erwähnt, ein Zwilling; er ist bedeutend grösser als die beiden vorher genannten, etwa 5 mm. lang, $1\frac{1}{2}$ mm. dick, hat aber dieselbe hellgelbe Farbe und ist klar durchsichtig (Fig. 15).

Die Combination ist:

0P	(001) = P,		4P4	(141)	= s,
$\frac{1}{2}$P∞	($\bar{1}$02) = x,		16P$\frac{16}{5}$	(5 . 16 . 1)	= K,
P∞	($\bar{1}$01) = y,		$\frac{5}{4}$P5	(514)	= y′,
∞P	(110) = l,		$\frac{10}{9}$P10	($\bar{1}\bar{0}$. 1 . 9)	= y″,
∞P3	(130) = M,		−5P$\frac{5}{2}$	(251)	= l²,
$\frac{2}{3}$P2	(123) = n,		−8P$\frac{8}{3}$	(381)	= l′.

Somit ungefähr dieselbe Combination wie Krystall II, nur fehlen hier die beiden Flächen 2P6 ($\bar{1}$63) = δ, und P∞ (011) = r, wogegen an Krystall II das Hauptprisma ∞P (110) = l nicht vorhanden ist. Die Ausbildung selbst aber ist im Ganzen verschieden von derjenigen der einfachen Krystalle.

Zwar ist auch bei diesem Zwilling die Fläche des Domas $\frac{1}{2}$P∞ ($\bar{1}$02) sowie P∞ ($\bar{1}$01) ziemlich gross entwickelt, seine tafelförmige Gestalt aber erhält derselbe durch das Vorherrschen der Basis 0P (001) = P. Die Flächen −8P$\frac{8}{3}$ (381) und −5P$\frac{5}{2}$ (251), von welchen ich vorher bemerkte, dass sie gross ausgebildet seien, treten hier zurück, bleiben aber stark glänzend; dagegen ist das Prisma ∞P3 (130) sehr gross vorhanden, und seine Flächen zeigen eine Streifung, welche der Combinationskante mit 16P$\frac{16}{5}$ (5 . 16 . 1) parallel verläuft und auch durch das Auftreten letzterer Form bedingt ist.

	Messungen lieferten:	berechnet:
381 : 251 =	4° 24′	4° 46′ 20″
130 : 381 =	8 26	8 56 31
130 : 5 . 16 . $\bar{1}$ =	4 32	4 58 9
14$\bar{1}$: 130 =	20 37	20 23
001 : $\bar{1}$10 =	85 42	85 45

	gemessen:	berechnet:
001 : 101	= 60° 23'	60° 17'
001 : $\bar{1}02$	= 39 19	39 17
101 : 130	= 59 30	59 30
130 : 123	= 86 9	86 5 36"
141 : 123	= 41 48	41 34 11
101 : $\bar{1}10$	= 40 28	40 34
$\bar{1}01$: 123	= 38 3	38 6
141 : 5 . 16 . 1	= 16 34	15 24 51
141 : $38\bar{1}$	= 29 31	29 19 31
$\bar{1}41$: $25\bar{1}$	= 33 40	34 17 40
$\bar{1}41$: $\bar{1}01$	= 56 9	56 1
141 : $\bar{1}41$	= 67 45	67 58
251 : 001	= 78 32	78 47 4.

8. Titanit von der Eisbruckalp.

(Taf. II Fig. 16—20 und Taf. III Fig. 21.)

Von einem grossen mit schön ausgebildeten grünen Titanitkrystallen bedeckten Handstück löste ich ein durch seinen Flächenreichthum ins Auge fallendes Kryställchen ab, von nur $1\frac{1}{2}$ mm. Länge, 1 mm. Dicke, ein Zwilling nach dem gewöhnlichen Gesetz

$$Z . E = 0P\ (001) = P.$$

Der besseren Übersicht der Formen halber habe ich den Krystall in der schiefen Projection nur als einfaches Individuum gezeichnet (Fig. 16), die gerade Projection Fig. 17 zeigt die Zwillingsgestalt.

Folgende Flächen treten auf:

$0P$	(001) = P,	$\frac{2}{3}P2$	($\bar{1}23$)	= n,
$\frac{1}{2}P\infty$	($\bar{1}02$) = x,	$2P6$	($\bar{1}63$)	= d,
$P\infty$	($\bar{1}01$) = y,	$\frac{5}{2}P\frac{21}{5}$	(5 . 21 . 6)	= Σ,
∞P	(110) = l,	$-\frac{1}{2}P$	(112)	= i,
$\infty P3$	(130) = M,	$-2P2$	(121)	= t,
$\infty P\infty$	(010) = q,	$-4P\frac{4}{3}$	(341)	= t^3.
$P\infty$	(011) = r,			

Vorherrschend sind die Flächen $\frac{1}{2}P\infty$ ($\bar{1}02$), $P\infty$ ($\bar{1}01$), ∞P (110), $\frac{2}{3}P2$ ($\bar{1}23$) und 0P (001), ziemlich gross ist auch $P\infty$ (011) ausgebildet. Neu sind die Flächen:

$$-4P\tfrac{4}{3}\ (341) = t^3 \text{ und } \tfrac{5}{2}P\tfrac{21}{5}\ (5 . 21 . 6) = \Sigma.$$

Auf die Fläche $-4P\frac{4}{3}$ (341) habe ich schon bei der Besprechung des Titanits vom Ofenhorn im Binnenthal hingewiesen. Dieselbe liegt in der bei jenen Krystallen so ausserordentlich entwickelten Zone:

$P\infty$ ($\bar{1}01$), ∞P (110), $-2P2$ ($\bar{1}21$).

Die Fläche tritt nur schmal auf, verursacht aber zugleich eine Streifung auf den Flächen des Prismas ∞P (110). Ihre Neigung gegen dasselbe wurde gemessen:

341 : 110 = 12° 1′; berechnet 12° 7′ 43″.

Ferner berechnet sich:

341 : $34\bar{1}$ = 57° 21′ 32″,
341 : 001 = 75 28 34.

Die Fläche liegt nun ausserdem noch in der Zone:

$-P\infty$ (101), $4P4$ (141), $-\frac{4}{3}P4$ (143),

und es berechnen sich die Winkel:

341 : 101 = 34° 16′ 24″
$34\bar{1}$: $\bar{1}41$ = 42 36 7
341 : $\bar{1}4\bar{3}$ = 79 15 42.

Die zweite Fläche $\frac{7}{2}P\frac{21}{5}$ (5 . 21 . 6) liegt in der Zone:

$P\infty$ (011), $2P6$ ($\bar{1}63$), $\infty P3$ ($\bar{1}30$).

Gemessen wurde:

5 . 21 . 6 : $\bar{1}30$ = 23° 24′; berechnet 23° 27′ 53″.

Diese Hemipyramide tritt als Abstumpfung der Combinationskante von $2P6$ ($\bar{1}63$) und $\infty P3$ ($\bar{1}30$) auf, sie ist nur sehr klein, aber scharf und glänzend ausgebildet und lieferte daher gute Reflexe.

Es berechnet sich für diese Fläche:

5 . 21 . 6 : 5 . $2\bar{1}$. 6 = 68° 22′ 30″
5 . 21 . 6 : 001 = 71 10 41.

Weitere Messungen an dem Krystall ergaben:

	gemessen:	berechnet:		gemessen:	berechnet:
110 : 121 =	29° 44′	29° 49′ 30″	010 : 163 =	39° 46′	39° 39′ 30″
110 : 011 =	74 10	73 55 48	010 : 110 =	66 52	66 56 16
110 : $\bar{1}23$ =	79 3	79 7 12	010 : $\bar{1}23$ =	68 13	68 5 32
$\bar{1}01$: $\bar{1}10$ =	40 43	40 33 15	$\bar{1}30$: $\bar{1}63$ =	40 12	40 17
110 : 112 =	47 48	47 46	130 : 011 =	66 29	67 3
001 : 110 =	85 46	85 45	$\bar{1}30$: $\bar{1}1\bar{2}$ =	54 44	54 36
010 : 130 =	38 6	38 3 30			

Von derselben Stufe, von welcher der oben beschriebene Krystall herstammt, wurde ein zweiter ziemlich grosser Krystall abgelöst, ein Durchkreuzungszwilling; derselbe ist etwa 6 mm. lang und 3 mm. dick, die Farbe ist hellgrün, die Flächen sind meist scharf und glänzend ausgebildet. Die Untersuchung desselben ergab folgende Combination (Fig. 18):

$0P$ $(001) = P$,	$-2\breve{P}2\ (121) = t$,
$\bar{P}\infty\ (101) = y$,	$-6\bar{P}\frac{6}{5}\ (561) = t^0$,
$\frac{1}{2}\bar{P}\infty\ (\bar{1}02) = x$,	$-9\bar{P}\frac{9}{8}\ (891) = t^7$,
$\frac{1}{3}\breve{P}\infty\ (013) = o$,	$\frac{4}{5}\breve{P}4\ (\bar{1}45) = z$,
$\breve{P}\infty\ (011) = r$,	$-\frac{1}{2}P\ (112) = i$,
$\frac{2}{3}\breve{P}2\ (\bar{1}23) = n$,	$-\frac{8}{9}P\ (889) = I$.

Es herrschen an diesem Krystall vor die Flächen $\frac{1}{2}\bar{P}\infty\ (\bar{1}02)$, $\frac{2}{3}\breve{P}2\ (\bar{1}23)$, $\infty P\ (110)$, auch die Basis $0P\ (001)$ ist ziemlich gross entwickelt; alle übrigen Formen treten mehr oder weniger untergeordnet auf. Neue Flächen sind $-\frac{8}{9}P\ (889)$ und $-9\bar{P}\frac{9}{8}\ (891)$. Die Fläche $-\frac{8}{9}P\ (889)$ wurde bestimmt durch die Zone $0P\ (001)$, $\infty P\ (\bar{1}10)$, $-\frac{1}{2}P\ (\bar{1}12)$ und die Messungen:

889 : 110 =	32° 41′,	berechnet	32° 25′ 26″
889 : 001 =	53 7	„	53 19 34

Berechnet wurde:

889 : 8̄89 = 37° 43′ 52″.

Die Fläche tritt auf als Abstumpfung der Combinationskante von $-\frac{1}{2}P\ (112)$ und $\infty P\ (110)$, ist aber nur eine schmale schwach glänzende Linie.

Die andere Fläche $-9\bar{P}\frac{9}{8}\ (891)$ ist ein Glied der Zone:

$\bar{P}\infty\ (\bar{1}01)$, $\infty P\ (\bar{1}10)$, $\breve{P}\infty\ (01\bar{1})$.

Sie liegt zwischen $\infty P\ (110)$ und $-2\breve{P}2\ (121)$ mit einer Neigung gegen ∞P von 4° 32′ (berechnet 4° 50′ 45″), und erscheint nur als schmaler glänzender Streifen.

Für dieselbe berechnet sich:

001 : 891 = 81° 40′ 31″ (gemessen 81° 16′)
891 : 8̄91 = 50 51 20.

Folgende Winkel wurden noch an dem Krystall gemessen:

110 : 561 =	7° 23′ 0″,	berechnet	7° 36′ 50″
110 : 121 =	29 44 30	„	29 49
110 : 12̄3 =	78 54	„	78 50
10̄1 : 110 =	40 39	„	40 34
011 : 110 =	72 53	„	73 56
001̄ : 110 =	85 48	„	85 45
001 : 112 =	38 6	„	38 9
110 : 112 =	47 42	„	47 36
001 : 013 =	12 2	„	12 19
110 : 1̄45 =	89 51	„	89 49.

Die beiden im Folgenden beschriebenen Krystalle stammen ebenfalls von einer grossen, mit prächtigen Titanitkrystallen besetzten Stufe von der Eisbruckalp, welche vorzüglich aus Adularkrystallen besteht, auf denen dann der Titanit aufgewachsen ist.

Der erstere der Krystalle ist etwa 6 mm. lang, 2 mm. dick, ein Zwilling nach dem gewöhnlichen Gesetz: Z.E $= 0P\ (001)$ (Fig. 19 und 20, in der schiefen Projection als einfacher Krystall, in der geraden als Zwilling dargestellt).

Der Krystall weist die Combination folgender zehn Formen auf:

$0P\ (001) = P$,	$\frac{2}{3}P2\ (\bar{1}23) = n$,
$\frac{1}{2}P\infty\ (\bar{1}02) = x$,	$4P4\ (\bar{1}41) = s$,
$P\infty\ (\bar{1}01) = y$,	$-2P2\ (121) = t$,
$\infty P\ (110) = l$,	$-5P\frac{5}{4}\ (451) = t^5\ (\vartheta)$.
$\infty P3\ (130) = M$,	$\frac{6}{7}P6\ (\bar{1}67) = \nu$.

Die letzte Fläche $\frac{6}{7}P6\ (\bar{1}67)$ ist neu. Dieselbe liegt in der Zone:

$$P\infty\ (\bar{1}01) = y,\quad \frac{2}{3}P2\ (\bar{1}23) = n,\quad P\infty\ (011) = r.$$

Sie wurde bestimmt durch die Messung der Neigung gegen das Prisma $\infty P\ (110)$

$$110 : \bar{1}67 = 85^0\ 9', \text{ berechnet } 85^0\ 22'.$$

Ferner wurde berechnet:

$$\bar{1}67 : 001 = 31^0\ 8'\ 42''.$$
$$\bar{1}67 : 1\bar{6}7 = 58\ 27\ 30.$$

An dem Krystall sind vorherrschend die Flächen der Basis $0P\ (001)$, des Prismas $\infty P\ (110)$, der Hemipyramide $\frac{2}{3}P2\ (\bar{1}23)$ und des Domas $\frac{1}{2}P\infty\ (\bar{1}02)$. Die übrigen Flächen sind nur klein und untergeordnet ausgebildet.

Messungen ergaben:	berechnet:	Messungen ergaben:	berechnet:
$110 : 451 = 9^0\ 17'$	$9^0\ 23'\ 45''$	$10\bar{1} : 110 = 40^0\ 36'$	$40^0\ 34'$
$110 : 121 = 29\ 58$	$29\ 49$	$121 : 130 = 28\ 23$	$28\ 27$
$110 : 12\bar{3} = 78\ 51$	$78\ 50$	$121 : 14\bar{1} = 48\ 44$	$48\ 50$
$110 : 1\bar{1}0 = 46\ 10$	$46\ 7\ 28$	$001 : \bar{1}23 = 34\ 44$	$35\ 4$
$130 : \bar{1}10 = 28\ 54$	$28\ 52\ 46$	$123 : \bar{1}01 = 37\ 58$	$38\ 16.$

Der letzte der zur Untersuchung vorliegenden Krystalle Taf. III (Fig. 21) von der Eisbruckalp ist 4 mm. lang und $2\frac{1}{2}$ mm. breit. Der Krystall zeichnet sich aus durch ausserordentlichen Flächenreichthum; es treten an ihm 17 verschiedene Einzelgestalten auf.

Die Combination ist folgende:

$0P\ (001) = P$,	$\frac{12}{13}P12\ (\bar{1}.12.13) = D$,
$\frac{1}{2}P\infty\ (\bar{1}02) = x$,	$2P6\ (\bar{1}63) = d$.
$P\infty\ (\bar{1}01) = y$,	$P3\ (\bar{1}33) = B$.
$P\infty\ (011) = r$.	$\frac{1}{2}P3\ (\bar{3}16) = L$.
$\frac{1}{3}P\infty\ (013) = o$.	$-2P2\ (121) = t$,
$\infty P\ (110) = l$.	$-6P\frac{6}{5}\ (561) = t^6$
$\frac{2}{3}P2\ (\bar{1}23) = n$,	$-\frac{7}{6}P7\ (176) = E$.
$\frac{4}{5}P4\ (\bar{1}45) = \iota$,	$-\frac{8}{15}P\frac{8}{3}\ (3.8.15) = G$.
$\frac{6}{7}P6\ (\bar{1}67) = \nu$.	

Neu sind die vier Formen:

$P3\ (\bar{1}33) = B$, $\frac{1}{2}P3\ (\bar{3}16) = L$, $-\frac{7}{6}P7\ (176) = E$, $-\frac{8}{15}P\frac{8}{3}\ (3.8.15) = G$.

Die Fläche $P3\ (\bar{1}33) = B$ liegt in der Zone:

$\frac{2}{3}P2\ (\bar{1}23)$, $2P6\ (\bar{1}63)$, $\infty P\infty\ (010)$.

Ihr Zeichen berechnet sich aus der Neigung gegen $\frac{2}{3}P2\ (\bar{1}23)$, welche zu 9° gemessen wurde (berechnet 8° 13′ 34″); wegen der rauhen und fast matten Beschaffenheit der Fläche musste ich mich bei der Messung mit dem blossen Lichtreflex bei aufgesetzter Lupe begnügen.

Die Fläche liegt noch in den beiden Zonen:

1. $P\infty\ (011)$, $P2\ (\bar{1}22)$, $-P\frac{3}{2}\ (233)$.
2. $0P\ (001)$, $\frac{3}{2}P3\ (\bar{1}32)$, $\infty P3\ (\bar{1}30)$.

Es berechnen sich für diese Fläche folgende Winkel:

$133 : \bar{1}33 = 60^\circ\ 15'\ 8''$
$\bar{1}33 : 110 = 23\ \ 1\ \ 53$
$\bar{1}33 : \bar{1}30 = 53\ \ 24$
$\bar{1}33 : 001 = 39\ \ 30$
$\bar{1}33 : \bar{1}22 = 12\ \ 5\ \ 40.$

Die Fläche $\frac{1}{2}P3\ (\bar{3}16) = L$ ist gross und gut entwickelt; dieselbe liegt in den drei Zonen:

1. $P\infty\ (\bar{1}01)$, $\frac{1}{3}P\infty\ (013)$, $-\frac{1}{2}P\ (112)$.
2. $\frac{1}{3}P\infty\ (\bar{1}03)$, $\frac{2}{3}P2\ (\bar{2}13)$, $\infty P\ (\bar{1}10)$, $-P\frac{3}{2}\ (2\bar{3}\bar{3})$.
3. $\frac{1}{2}P\infty\ (\bar{1}02)$, $\infty P\infty\ (010)$.

Das Symbol wurde berechnet aus der Neigung gegen $\infty P\ (110)$. Gemessen wurde:

$\bar{3}16 : \bar{1}10 = 56^\circ\ 29'$; berechnet $56^\circ\ 11'\ 50''$.

Die Fläche hat nur eine geringe Neigung gegen $\frac{1}{2}P\infty$ und liegt ähnlich der Fläche $\frac{6}{13}P3\ (6.2.13)$.

$\bar{1}02 : \bar{3}16 = 5^\circ\ 10'\ 30''$
$\bar{1}02 : \bar{6}.2.13 = 5\ \ 28\ \ 49$ } berechnet.

Fernere Berechnungen lieferten:

$\bar{3}16 : 001 = 39^\circ\ 34'\ \ 5''$
$\bar{3}16 : \bar{3}16 = 10\ \ 21$
$\bar{3}16 : 010 = 84\ \ 49\ \ 30$
$\bar{3}16 : \bar{1}01 = 21\ \ 36\ \ 20$
$\bar{3}16 : \bar{1}03 = 29\ \ 26\ \ 40.$

In der Zone $\frac{1}{3}P\infty$ ($\bar{1}03$), $\frac{1}{3}P\infty$ (013), in welcher die eben beschriebene Fläche liegt, befindet sich auch die Form

$-\frac{8}{15}P\frac{8}{3}$ (3 . 8 . 15) = G.

Sie tritt auf als Abstumpfung der Combinationskante von $\frac{1}{3}P\infty$ (013) und ∞P (110). Die Fläche ist ziemlich zur Messung geeignet; es fand sich:

3 . 8 . 15 : 110 = $63^\circ\ 51'$; berechnet $63^\circ\ 55'\ 32''$,

berechnet wurde noch:

3 . 8 . 15 : 3 . 8 . 15 = $36^\circ\ 16'\ \ 0''$
3 . 8 . 15 : 001 = 24 26 22.

Die Fläche $-\frac{7}{6}P7$ (176) = E endlich liegt in der Zone:

$\frac{2}{3}P2$ ($\bar{1}23$), ∞P (110), $P\infty$ ($10\bar{1}$).

Sie tritt auf als schmale Abstumpfung der Combinationskante von $P\infty$ (011) und $-2P2$ (121).

Gemessen wurde:

176 : 110 = $62^\circ\ 45'$	berechnet	$62^\circ\ 13'\ 20''$.
176 : 176 =	„	72 2
176 : 001 =	„	38 19.

In Bezug auf die allgemeine Ausbildung des Krystalls ist noch hinzuzufügen, dass die Flächen $\frac{1}{2}P\infty$ ($\bar{1}02$), $P\infty$ ($\bar{1}01$), 0P (001), ∞P (110), $\frac{2}{3}P2$ ($\bar{1}23$) vorherrschen; ziemlich gross entwickelt sind ausserdem 2P6 ($\bar{1}63$), $\frac{1}{3}P\infty$ (013) und $\frac{1}{2}P3$ ($\bar{3}16$). Die übrigen Flächen treten nur untergeordnet auf, so die Flächen aus der Zone $\frac{2}{3}P2$ ($\bar{1}23$), ∞P (110), welche Streifungen auf diesen Flächen verursachen.

Fernere Messungen ergaben:

	gemessen:	berechnet:		gemessen:	berechnet:
$\bar{1}23 : \bar{1}.12.13$ =	$20^\circ\ 24'$	$21^\circ\ \ 7'\ 37''$	$\bar{1}23 : \bar{1}45$ =	$11^\circ\ 48'$	$10^\circ\ 59'\ \ 0''$
$\bar{1}23 : 011$ =	27 10	27 14 3	$\bar{1}01 : \bar{1}67$ =	54 26	54 4
$\bar{1}23 : 176$ =	38 25	38 56 30	001 : 013 =	12 19	12 9
$\bar{1}23 : 121$ =	71 23	71 21	001 : 011 =	33 3	33 15
$\bar{1}23 : 561$ =	86 54	87 8	110 : 013 =	80 39	81 1 2
$\bar{1}23 : 1\bar{1}0$ =	78 50	78 50	$\bar{1}63 : 123$ =	28 28	28 8
$\bar{1}23 : \bar{1}01$ =	37 50	38 16	$\bar{1}23 : \bar{1}\bar{2}3$ =	43 44	43 48 56.

9. Titanit von Renfrew in Canada.

Die allgemeinen krystallographischen Verhältnisse dieses Titanits sind schon im ersten Theile der Arbeit kurz erwähnt worden. Es sind die dunkelbraun gefärbten stark glänzenden grossen Krystalle, welche vorliegen. Dieselben sind entweder äusserlich einfache Individuen, oder sie sind Zwillinge. In der Ausbildungsweise sind beide einigermassen verschieden. An den einfachen Krystallen herrscht vor das Orthodoma $P\infty$ ($\bar{1}01$), nach welchem dieselben tafelförmig gestaltet sind, dazu treten auf:

$$\tfrac{2}{3}P2\ (123) = n, \quad P\infty\ (011) = r, \quad -2P2\ (121) = t.$$

An den Zwillingen ist besonders das Klinodoma $P\infty$ (011) stark entwickelt, und giebt denselben einen säulenförmigen Habitus.

Die Eigenthümlichkeit dieser Krystalle ist eine Absonderungsfläche, welche in der Zone $P\infty$ ($\bar{1}01$), $P\infty$ (011), $-2P2$ (121) liegt und den Messungen zufolge der Fläche der Hemipyramide $\frac{1}{5}P4$ ($\bar{1}45$) entspricht. Bei anderen Titaniten ist eine solche Absonderung nie beobachtet worden, wohl aber hat Hessenberg [1] eine solche als am Greenovit auftretend beschrieben und den Werth der entsprechenden Fläche berechnet.

Er giebt der Pyramide, die ebenfalls in der genannten Zone liegt, das Symbol

$$\tfrac{9}{11}P\tfrac{9}{2}\ (2.9.11) = \omega.$$

Nun aber ist der Winkel, den diese Fläche beim Greenovit mit $-2P2$ (121) bildet, nach Hessenberg's Messung = 121° 12′; bei dem Titanit von Renfrew ist dieser Winkel = 121° 30′ und die Neigung der Absonderungsfläche gegen $P\infty$ (011) = 130° 27′. Leitet man aus diesem Winkel das Symbol ab, so ergiebt sich ziemlich genau $\frac{1}{5}P4$ ($\bar{1}45$) (der berechnete Winkel ist 130° 45′ = 011 : $\bar{1}45$). Gemessen wurde ferner die Neigung der Absonderungen zu einander zu 125° 30′, es berechnet sich aber $\bar{1}45$: $\bar{1}45$ = 125° 42′. Es ist hiernach kein Zweifel, dass diese Absonderungsfläche der Pyramide $\frac{1}{5}P4$ ($\bar{1}45$) entspricht, aber anderseits scheint mir dieselbe auch

---

[1] Hessenberg: Mineral. Notizen. Abhandl. der Senck. naturforsch. Ges. cf. Seite 17.

identisch zu sein mit der am Greenovit beobachteten, und dies umsomehr, als die von HESSENBERG angegebenen gemessenen Winkelwerthe nach seiner Angabe nur approximative sind.

Diese Absonderung beruht auf einer Zwillingsverwachsung. Zahlreiche Lamellen bilden einen Krystall und die Verwachsungsebene ist $\frac{4}{5}P4$ ($\bar{1}45$). Diese Fläche ist zugleich die Zwillingsebene. Eine genauere Beschreibung dieser Verwachsung hat G. H. WILLIAMS[1] gegeben. Doch bespricht er nur die dem Kalke von Pitcairn, St. Lawrence Co. eingelagerten Krystalle, welche diese scheinbare Spaltbarkeit am vollkommensten besitzen. Ich möchte daher seinen Beobachtungen noch Folgendes hinzufügen. Einer der grössten in Renfrew gefundenen Krystalle, welcher sich im mineralogischen Museum der Universität Bonn befindet, besteht aus 3—4 mm. dicken Lamellen, und zwischen je zwei derselben liegt eine sehr dünne Lamelle (etwa $\frac{1}{10}$ mm. dick) in Zwillingsstellung. Ein Dünnschliff senkrecht zu dieser Absonderung zeigte dies unter + Nicols sehr gut. Stellte man die breiten Lamellen auf dunkel ein, so blieben die dünnen hell und umgekehrt. Auch an kleineren Krystallen dieses Fundortes waren die einzelnen Lamellen keineswegs immer so dünn, wie dies von WILLIAMS an denen von Pitcairn beobachtet wurde. Wohl aber tritt die Absonderung sowohl nur nach der einen Pyramidenfläche als nach beiden zugleich auf.

[1] G. H. WILLIAMS, American. Journ. of science, XXIX. 483—490.

Tabelle der am Titanit auftretenden Formen.

(Die mit * bezeichneten sind neu.)

No.	Zeichen nach Naumann	Zeichen nach Miller	Hessenberg	Rose	Autor
1	0P	001 = c		P	
2	∞Ᵽ∞	010 = b		q	
3	∞P	110 = l		l	
4	∞Ᵽ3	130 = m		M	
5	∞Ᵽ8	180	φ		
6	P∞	$\bar{1}01$ = y		y	
7	$\frac{1}{2}$P∞	$\bar{1}02$ = x			
8	$\frac{1}{3}$P∞	$\bar{1}03$			
9	$\frac{1}{5}$P∞	$\bar{1}05$	π		
10	$\frac{5}{9}$P∞	509			
11	$\frac{8}{15}$P∞	8 . 0 . 15			
12	$\frac{19}{12}$P∞	19 . 0 . 12		z	
13	−P∞	101 = v		v	
14	−$\frac{5}{9}$P∞	509 } 705	} Jeremejew Aufstellung nach Des Cl.		
15	−2P∞	201 } 304			
16	Ᵽ∞	011 = r		r	
17	$\frac{2}{7}$Ᵽ∞*	027			O
18	$\frac{1}{3}$Ᵽ∞	013 = o		o	
19	3Ᵽ∞	031	ι		
20	$\frac{2}{7}$P	227	δ		
21	$\frac{3}{10}$P	$\bar{3}$. 3 . 10	φ (Lewis)		
22	$\frac{1}{3}$P	$\bar{1}13$		u	
23	$\frac{1}{2}$P	$\bar{1}12$ = z			
24	$\frac{2}{3}$P	223	κ		
25	$\frac{7}{9}$P	779	ι		
26	$\frac{4}{5}$P	$\bar{4}45$			μ
27	Ᵽ2	$\bar{1}22$			A
28	Ᵽ3	$\bar{1}33$			B
29	2Ᵽ2	$\bar{1}21$	ε		
30	4Ᵽ4	$\bar{1}41$ = s		s	
31	$\frac{10}{3}$Ᵽ$\frac{16}{3}$	$\bar{3}$. 16 . 3	β		
32	8Ᵽ8	$\bar{1}81$	ζ		
33	$\frac{2}{3}$Ᵽ2	123 = n		n	
34	$\frac{4}{5}$Ᵽ4	$\bar{1}45$	η		
35	$\frac{6}{7}$Ᵽ6*	$\bar{1}67$			ν
36	$\frac{3}{5}$Ᵽ2*	$\bar{3}$. 6 . 10			ψ
37	$\frac{5}{3}$Ᵽ2	$\bar{5}$. 10 . 6	ϑ		
38	$\frac{3}{2}$Ᵽ3	$\bar{1}32$	χ		
39	2Ᵽ6	$\bar{1}63$ = u		d	
40	$\frac{10}{3}$Ᵽ10	$\bar{1}$. 10 . 3	ϱ		

No.	Zeichen nach Naumann	Zeichen nach Miller	Hessenberg	Rose	Autor
41	$\frac{12}{13}P12$*	$\bar{1}.12.13$			D
42	$\frac{7}{4}P\frac{7}{2}$*	$\bar{2}74$			Z
43	$\frac{9}{11}P\frac{9}{2}$	$2.9.11$	ω		
44	$16P\frac{16}{5}$*	$\bar{5}.16.1$			K
45	$\frac{7}{2}P\frac{21}{5}$*	$\bar{5}.21.6$			Σ
46	$\frac{1}{2}P2$	$\bar{2}14$ = w			
47	$\frac{2}{3}P2$	213		k	
48	$\frac{1}{2}P3$*	$\bar{3}16$			L
49	$\frac{6}{13}P3$*	$\bar{6}.2.13$			L'
50	$\frac{5}{4}P5$*	$\bar{5}14$			y'
51	$\frac{10}{9}P10$*	$\overline{10}.1.9$			y''
52	$\frac{2}{3}P\frac{4}{3}$	$\bar{4}36$	ϑ		
53	$\frac{5}{7}P\frac{5}{2}$	$\bar{5}27$	α		
54	$\frac{5}{7}P\frac{7}{6}$	$\overline{35}.30.49$	λ		
55	$\frac{11}{24}P\frac{11}{8}$	$\overline{11}.8.24$			Δ
56	$-\frac{1}{2}P$	112		i	
57	$-\frac{8}{9}P$	889			Γ
58	$-P\frac{3}{2}$	233	f		
59	$-2P2$	121 = t		t	
60	$-\frac{3}{2}P3$	132	ξ		
61	$-\frac{4}{3}P4$	143		w	
62	$-\frac{7}{6}P7$*	176			E
63	$-6P2$*	361			U
64	$-3P\frac{3}{2}$	231 (334	Jeremejew)		t^1
65	$-\frac{7}{2}P\frac{7}{5}$*	572			t^2
66	$-4P\frac{4}{3}$*	341			t^3
67	$-\frac{9}{2}P\frac{9}{7}$*	792			t^4
68	$-5P\frac{5}{4}$	451	β (vom Rath)		t^5
69	$-6P\frac{6}{5}$*	561			t^6
70	$-9P\frac{9}{8}$*	891			t^7
71	$-\frac{2}{3}P2$	123	γ		
72	$-4P\frac{12}{5}$*	5.12.3			l^3
73	$-5P\frac{5}{2}$*	251			l^2
74	$-8P\frac{8}{3}$*	381			l^1
75	$-\frac{8}{15}P\frac{8}{3}$*	3.8.15			G

Winkeltabelle.

(Normalenwinkel, nach Zonen geordnet.)

	Zeichen der Flächen	Berechnet	Gemessen: Rose	Gemessen: Hessenberg	Gemessen: Autor
Zone 001, 027, 013, 011, 031, 010.	001 : 027	10° 38′ 34″			10° 57′
	001 : 013	12 19	12° 20′ 0″	12° 0′	12 10
	001 : 011	33 15	33 15	32 30	33 3
	001 : 031	63 2 35		63 10	
	011 : 01̄1	66 29			
	027 : 027	21 17 8			
	013 : 01̄3	24 38			
	031 : 03̄1	53 54 50			
Zone 001, 105, 1̄03, 1̄02, 8.0.15, 509, 1̄01, 19.0.12, 201, 101, 509.	001 : 105	17 28 8			
	001 : 1̄03	28 5	27 40 (Miller)		
	001 : 1̄02	39 19		39 26	39 15
	001 : 8.0.15	41 55	41 47 (Des Cl.)		
	001 : 509	42 29	42 33		
	001 : 101	60 17	59 30		60 19
	001 : 19.0.12	71 33			
	001 : 201	67 53 28	67 56 52 Jeremejew		
	001 : 101	53 46		54 9	
	001 : 509	38 35 36	38 33 30 Jeremejew		
Zone 1̄01, 1̄21, 1̄41, 3.16.3, 1̄81, 010.	1̄01 : 121	36 16 15		36 18	36 39
	1̄01 : 1̄41	53 1	56 1		56 4
	1̄01 : 3.16.3	63 12 50		62 54	
	1̄01 : 181	71 23 53		71 23	71 25
	1̄21 : 121	73 12 30			73 18
	1̄41 : 141	67 58	67 50	67 58	67 56
	3.16.3 : 3.16.3	53 34 20			
	181 : 18̄1	37 12 14			37 10
	001 : 3.16.3	77 9 7		77 1	
	1̄01 : 527	12 29		12 30	
	1̄01 : 213	15 7			
	1̄01 : 1̄6.7.17	19 48 54		19 40	
	1̄01 : 1̄12	25 41		24 35	
	1̄01 : 123	38 16	38 10	38 8	37 58
	1̄01 : 1̄45	49 15			49 12
	1̄01 : 2.9.11	50 46 3			
	1̄01 : 1̄67	53 58			54 4
	1̄01 : 1̄.12.13	59 28 56			59 19
	1̄01 : 011	65 30	64 50	65 34	

	Flächen	Berechnet	Gemessen: Rose	Gemessen: Hessenberg	Gemessen: Autor
Zone $\bar{1}01$, $\bar{5}27$, $\bar{2}13$, $\bar{1}6.7.17$, $\bar{1}12$, $\bar{1}23$, $\bar{1}45$, $\bar{2}.9.11$, $\bar{1}67$, $\bar{1}.12.13$, 011, 176, 143, 132, 121, 231, 572, 341, 792, 451, 561, 891, 110, $51\bar{4}$, $10.1.\bar{9}$.	$\bar{1}01$: 176	73° 12′ 30″			73° 45′
	$\bar{1}01$: 143	87 9 28	86° 59′ 0′	87° 9′	86 54
	$10\bar{1}$: 132	85 54 28		85 6	86 20
	$10\bar{1}$: 121	70 23 20	70 30	70 20	70 39
	$10\bar{1}$: 231	58 6 27			57 33
	101 : 572	55 0 44			54 44
	$10\bar{1}$: 341	52 41 33			52 44
	$10\bar{1}$: 792	51 11 10			51 16
	101 : 451	49 57 45	49 53		50 5
	$10\bar{1}$: 561	48 10 50	(vom Rath)		49
	101 : 891	45 24 35			45 25
	101 : 110	40 33 50	40 36	40 34	40 43
	101 : $51\bar{4}$	7 27 7			6 58
	101 : 10.1.9	3 36 24			3 26
	527 : $\bar{5}27$	14 58			
	213 : $\bar{2}13$	18 4			
	16.7.17 : $\bar{1}6.7.17$	23 33 56			
	$\bar{1}12$: $1\bar{1}2$	30 17			
	$\bar{1}23$: $1\bar{2}3$	43 48	43 45–54	43 42	43 44
	$\bar{1}45$: $1\bar{4}5$	54 18			
	2.9.11 : 2.9.11	55 37 48			
	167 : $\bar{1}67$	58 27 30			
	$\bar{1}.12.13$: $1.\bar{1}2.13$	62 36			
	176 : $\bar{1}76$	72 2			
	143 : $\bar{1}43$	73 58			73 50
	132 : 132	73 45 58			
	121 : 121	69 9 4	69	69 17	
	231 : 231	61 29 40			
	572 : 572	59 7 40			
	341 : $3\bar{4}1$	57 21 32			
	792 : 792	56 0 8			
	451 : $4\bar{5}1$	54 56 32			
	561 : $5\bar{6}1$	53 13			
	891 : $8\bar{9}1$	50 51 20			
	$51\bar{4}$: $5\bar{1}4$	8 57 44			
	10.1.9 : $10.\bar{1}.\bar{9}$	4 0 22			
	001 : $\bar{5}27$	50 39 55			
	001 : 2.9.11	31 11 42			
	001 : $\bar{1}67$	31 8 14			
	001 : $\bar{1}.12.13$	31 57 20			
	001 : 176	38 19			

	Flächen	Berechnet	Gemessen Rose	Gemessen Hessenberg	Gemessen Autor
	001 : 231	71° 6′ 17″			
	001 : 572	73 40 3			
	001 : 341	75 28 34			
	001 : 792	76 49 37			
	001 : 451	77 51 54			
	001 : 561	79 21 24			
	001 : 891	81 40 31			
	001̄ : 514̄	66 19 10			
	001̄ : 10.1.9̄	63 11 55			
Zone 1̄01, 3̄16, 013, 012.	1̄01 : 3̄16	21 36 20			
	1̄01 : 013	51 2			
	101̄ : 112	84 3	83° 50′ (Miller)		
	316 : 3̄16	10 11			
	112 : 11̄2	27 59 52			
	001 : 3̄16	39 34 5			
Zone 1̄01, 214, 11̄3, 123.	1̄01 : 214	27 18			
	101 : 1̄13	33 57			
	1̄01 : 123	86 40			
Zone 101, 1̄32, 163, 031, 130.	101 : 1̄32	43 32			
	101 : 163	57 19	57 12 (Miller)		
	1̄01 : 031	77 0 55			
	1̄01 : 1̄30	59 30			59° 30′
Zone 001, 214, 213.	001 : 214	34 55			
	001 : 213	48 45			
Zone 001, 227, 3̄.3.10, 1̄13, 1̄12, 223, 779, 4̄45, 1̄10, 889, 1̄12̄.	001 : 227	26 18 10			
	001 : 3̄.3.10	27 28 47			
	001 : 1̄13	30 7			
	001 : 1̄12	41 39 11		39° 53′	
	001 : 223	50 29 33		50 30	
	001 : 779	55 9 26		55 46	
	001 : 4̄45	56 0 1			
	001 : 110	85 45	85 44 (Miller)		85 46
	001 : 889	53 19 34			53 7
	001 : 112	38 9	38 15	37 59	37 58
	227 : 2̄27	20 3			
	3̄.3.10 : 3.3̄.10	20 55 38			
	779 : 779	37 36 54			
	445 : 445	38 5 16			
	889 : 889	36 48 14			

	Flächen	Berechnet	Gemessen: Rose	Gemessen: Hessenberg	Gemessen: Autor
Zone 001, $\bar{6}$.2.13, $\bar{3}$16.	001 : $\bar{6}$.2.13	39° 34′ 5″			
	001 : $\bar{3}$16	43 21 47			
	6.2.13 : $\bar{6}$.2.13	13 2 54			
Zone 001, $\bar{3}$.6.10, 123, $\bar{1}$22, $\bar{5}$.10.6, $\bar{1}$21, $\bar{3}$6$\bar{1}$, $\bar{1}$2$\bar{1}$, $\bar{1}$2$\bar{3}$.	001 : $\bar{3}$.6.10	34 14 48			
	001 : $\bar{1}$23	35 4	34° 52′	35° 6′	34° 50′
	001 : $\bar{1}$22	47 7 15			
	001 : $\bar{5}$.10.6	61 56 20			
	001 : $\bar{1}$21	76 33 15			
	001 : $\bar{3}$61	77 14 8			77 52
	001 : $\bar{1}$2$\bar{1}$	60 47	60 50	60 45	
	001 : $\bar{1}$2$\bar{3}$	32 51		33	
	$\bar{3}$.6.10 : 3.$\bar{6}$.10	40 36 44			
	$\bar{5}$.10.6 : 5.$\bar{10}$.6	69 56 42			
	361 : 3$\bar{6}$1	78 41 28			
Zone 001, $\bar{1}$33, $\bar{1}$32, $\bar{1}$30, $\bar{1}$3$\bar{2}$.	001 : $\bar{1}$33	39 30			
	001 : $\bar{1}$32	53 3 13			
	001 : $\bar{1}$30	87 6	86 59		
	001 : $\bar{1}$32	49 31 47			
	132 : 1$\bar{3}$2	75 45 58			
Zone 001, $\bar{1}$45, $\bar{1}$41, $\bar{1}$4$\bar{3}$.	001 : $\bar{1}$45	31 55		32 9	31 56
	001 : $\bar{1}$41	73 55	73 57		73 46
	001 : $\bar{1}$4$\bar{3}$	44 12	44	44	
Zone 001, $\bar{1}$67, $\bar{1}$63.	001 : $\bar{1}$67	31 8 14			
	001 : $\bar{1}$63	61 55			
Zone 001, $\bar{1}$81, $\bar{1}$80.	001 : $\bar{1}$81	81 38 47			
	001 : $\bar{1}$80	88 42 3			
Zone $\bar{1}$03, $\bar{1}$13, $\bar{1}$23, $\bar{1}$33, $\bar{1}$63, $\bar{1}$.10.3, 010.	$\bar{1}$03 : $\bar{1}$13	11 22			
	$\bar{1}$03 : $\bar{1}$23	21 54			
	$\bar{1}$03 : $\bar{1}$33	30 7 43			
	$\bar{1}$03 : $\bar{1}$63	50 20 30			
	$\bar{1}$03 : $\bar{1}$.10.3	63 33 28			63 27
	$\bar{1}$13 : $\bar{1}\bar{1}$3	22 44			
	$\bar{1}$33 : $\bar{1}\bar{3}$3	60 15 8			
	$\bar{1}$63 : $\bar{1}\bar{6}$3	79 19	79 24	79 7	
	$\bar{1}$.10.3 : $\bar{1}$.$\bar{10}$.3	52 53 4	(Miller)	53	52 59
	$\bar{1}$.10.3 : 001	77 13 27			

	Flächen	Berechnet	Gemessen Rose	Gemessen Hessenberg	Gemessen Autor
Zone $\bar{1}02$, $\bar{3}16$, 214, $\bar{1}12$, $\bar{1}22$, $\bar{1}32$, $\bar{2}74$, 010.	$\bar{1}02 : 316$	5° 10′ 30″			
	$\bar{1}02 : 214$	7 42			
	$\bar{1}02 : \bar{1}12$	15 8 30			
	$\bar{1}02 : \bar{1}22$	28 27 40			
	$\bar{1}02 : \bar{1}32$	39 3 15			
	$\bar{1}02 : \bar{2}74$	43 31 30			43° 26′
	$214 : 2\bar{1}4$	15 24			
	$\bar{1}22 : \bar{1}22$	56 55 20			
	$\bar{1}32 : 1\bar{3}2$	78 6 30			
	$274 : \bar{2}74$	87 3			
	$274 : 001$	55 53 15			
Zone 101, 121, 010.	$101 : 121$	34 34 32		34° 32′	
	$121 : 010$	55 25 28			
Zone 110, 130, 180, 010.	$110 : 130$	28 52 46			28 46
	$110 : 180$	50 34 32			
	$110 : 010$	66 56 16			66 52
	$110 : \bar{1}10$	46 7 28	46° 15′	46 46	46 46
	$130 : \bar{1}30$	76 7	76 2	76 6	76 12
	$180 : \bar{1}80$	32 43 28			
Zone 010, 143, 123.	$010 : 123$	69 21			
	$010 : 143$	53 1			53 5
	$123 : 123$	41 18			
	$143 : 1\bar{4}3$	73 58			73 50
Zone 101, 110, $12\bar{1}$, 132, $01\bar{1}$, $\bar{1}23$, $\bar{1}12$.	$101 : 110$	38 24 29		38 30	
	$101 : 12\bar{1}$	62 42 44			
	$101 : 132$	87 58 4			
	$101 : 011$	81 13			
	$101 : 123$	34 0 50			
	$101 : 112$	22 39 2			
Zone $\bar{1}02$, $\bar{2}27$, 121, 527.	$\bar{1}02 : 227$	17 50			
	$\bar{1}02 : \bar{1}21$	87 29			86 42
	$\bar{1}02 : 527$	13 16 2			
Zone $\bar{1}02$, $\bar{1}13$, 011, 251, $21\bar{3}$.	$\bar{1}02 : \bar{1}13$	15 55 54			
	$\bar{1}02 : 011$	49 39 40			
	$\bar{1}02 : 25\bar{1}$	75 51 5			
	$\bar{1}02 : \bar{2}13$	12 37 13			
	$251 : 2\bar{5}1$	84 24 10			
	$251 : 001$	76 49 27			

Zone	Flächen		Berechnet	Gemessen: Rose	Gemessen: Hessenberg	Gemessen: Autor
Zone $\bar{1}02$, $\bar{1}45$, $44\bar{5}$.	$\bar{1}02$	: $44\bar{5}$	23° 44′ 15″			
	$\bar{1}02$	: $\bar{1}45$	34 19 53			
Zone 102, $\bar{3}$. 6 . 10, 130, 436.	$\bar{1}02$	: $\bar{3}$.6.10	24 19 17			
	102	: $\bar{1}30$	69 33 20			
	$\bar{1}02$	: $\bar{4}36$	16 16 50			
	$\bar{4}36$	: 436	26 49 52		26° 9′	
	$\bar{4}30$	: 001	49 30 23		50 3	
Zone 102, 6 . 2 . 13, $\bar{1}23$, $12\bar{1}$, $22\bar{3}$.	102	: 6.2.13	5 28 49			5° 16′
	102	: $\bar{1}23$	29 6 9			29 36
	$\bar{1}02$	: 121	49 37 46			
	102	: $\bar{2}23$	19 41 36			
	223	: $\bar{2}23$	35 7 4			
Zone 102, $1\bar{1}$.8.24, 180, $14\bar{1}$.	102	: $1\bar{1}$.8.24	10 50 57			10 57
	$\bar{1}02$	: $\bar{1}80$	80 48 5			
	102	: 141	58 35 7			58 33
	$1\bar{1}$.8.24	: $\bar{1}1$.8.24	28 41			
	11.8.24	: 001	54 33			
Zone 010, $\bar{2}23$, $\bar{4}36$, 213.	010	: 223	72 21 28			
	010	: 436	76 35 4			
	010	: 213	80 58			
Zone 110, $14\bar{1}$, 1 . 10 . $\bar{3}$, $03\bar{1}$, $12\bar{1}$.	110	: $14\bar{1}$	41 27 43		40 50	
	110	: 1.10.$\bar{3}$	59 4 55		59 30	
	110	: $03\bar{1}$	71 33 45			
	110	: 121	64 59 55			
Zone 110, 361, 251, 031, $\bar{1}21$.	110	: 361	20 51 3			
	110	: 251	25 6 9			
	110	: 031	67 27 10			
	110	: $12\bar{1}$	65 41 7			
Zone 011, $\bar{1}63$, $\bar{5}$. 21 . 6, $\bar{1}41$, $\bar{5}$. 16 . 1, $\bar{1}30$, $38\bar{1}$, $25\bar{1}$, $\bar{5}$. 12 . $\bar{3}$, $\bar{1}2\bar{1}$, $\bar{2}33$, $\bar{1}12$.	011	: 163	26 45	28° 44′	27 15	26 28
	011	: $\bar{5}$.21.6	43 35 7			43 5
	011	: 141	46 40			46 37
	011	: $\bar{5}$.16.1	62 4 51			62 24
	011	: $\bar{1}30$	67 3			67 5
	011	: $38\bar{1}$	75 59 31			76 4
	011	: $25\bar{1}$	80 45 51			80 59
	011	: $\bar{5}$.12.$\bar{3}$	83 42			83 21
	011	: 121	84 30			
	011	: $\bar{2}33$	70 17 48			
	011	: $1\bar{1}2$	58 21			

	Flächen		Berechnet	Gemessen Rose	Gemessen Hessenberg	Gemessen Autor
	$\bar{5}.21.6$	: $\bar{5}.2\bar{1}.6$	68° 22′ 30″			
	$\bar{5}.21.6$	: 001	71 10 41			
	$\bar{5}.16.1$	: $\bar{5}.\overline{16}.1$	72 19 54			
	$\bar{5}.16.1$	: $00\bar{1}$	88 11 47			
	$\bar{3}8\bar{1}$	: 381	84 53 56			
	$\bar{5}.12.\bar{3}$	: 5.12.3	85 42 54			
	$\bar{5}.12.\bar{3}$	: $00\bar{1}$	71 38 39			
Zone 001, $\bar{3}8\bar{1}$, $\bar{3}.8.\overline{15}$.	$00\bar{1}$	: $\bar{3}8\bar{1}$	78 47 4			78° 32′
	$00\bar{1}$	: $\bar{3}.8.\overline{15}$	24 26 22			
	3.8.15	: $3.\bar{8}.15$	36 16			
Zone 001, 233, 231.	001	: 233	48 17 27			
	001	: 231	71 6 17			
	233	: $2\bar{3}3$	47 29 58			
Zone 011, $\bar{1}.10.3$, $\bar{1}81$, $\bar{1}4\bar{3}$.	011	: $\bar{1}.10.3$	45 7 10			
	011	: $\bar{1}81$	50 2 33			
	011	: $1\bar{4}3$	74 22 10			
Zone 011, $14\bar{1}$, $13\bar{2}$, $12\bar{3}$.	011	: $14\bar{1}$	77 7 17		77° 30′	
	011	: $13\bar{2}$	80 58 20			
	011	: $12\bar{3}$	61 18 32		61 12	
Zone 101, 231, 361, 130, $03\bar{1}$, $\bar{1}3\bar{2}$, $23\bar{3}$.	101	: 231	33 32 5			
	101	: $\bar{3}61$	43 16			
	101	: 130	58 39			
	101	: 031	74 27 23			
	101	: 132	40 29 30			
	101	: 233	25 50 55			
Zone 011, $\bar{1}33$, $\bar{1}22$, 233.	011	: $\bar{1}33$	23 1 53			
	011	: $\bar{1}22$	35 7 33			
	011	: 233	38 58			
Zone $\bar{1}03$, $\bar{3}16$, $\bar{2}13$, $\bar{1}10$, $\bar{2}3\bar{3}$, $\bar{1}2\bar{3}$, $\bar{3}.8.\overline{15}$, $01\bar{3}$.	$\bar{1}03$	: $\bar{3}16$	12 19 32			
	$\bar{1}03$	: 213	21 54 15			
	$\bar{1}03$	: $\bar{1}10$	68 31 11			
	$10\bar{3}$	: $23\bar{3}$	73 3 53			
	$10\bar{3}$	: $\bar{1}2\bar{3}$	56 47 33			
	$10\bar{3}$	: $\bar{3}.8.\overline{15}$	47 33 16			
	$10\bar{3}$	: $01\bar{3}$	30 27 47			
Zone 010, 35.30.49, $\bar{5}27$.	010	: $\bar{5}27$	82 31			
	010	: $\overline{35}.30.49$	74 16 37			
	$\overline{35}.30.49$	: $35.\overline{30}.49$	31 26 46			
	001	: $\overline{35}.30.49$	52 1 5			

Litteratur-Verzeichniss.

Rose, G., Über das Krystallisationssystem des Titanits. (Leonhard, mineral. Taschenb. 1822.)

Fuchs, J. N., Analyse des Sphens. (Ann. d. Chem. u. Pharm. 43. 319. 1842.)

Scheerer, Th., Über den Yttrotitanit. (Pogg. Ann. 63. 459. 1844.)

Wiser, D. F., Beiträge zur topogr. Mineralogie des Schweizerlandes. (Dies. Jahrb. 1844, 1847, 1848, 1854.)

Sandberger, F., Mineralien des Laacher Sees. (Dies. Jahrb. 1845.)

Weiss, Über das Titanitsystem. (Ber. d. kgl. preuss. Acad. d. Wiss. 1845. 89.)

Rose, H., Zerlegung des Titanit. (Pogg. Ann. LXII. 1847.)

Zepharovich, V. von, Über einige interessante Mineralvorkommen von Mutenitz und Strakonitz in Böhmen. (Jahrb. der geol. Reichsanst. Wien. 1853.)

Hessenberg, F., Mineralogische Notizen. (Abhandl. der Senckenberg. naturforsch. Ges. zu Frankfurt a. M. 1853—1873.)

Forbes, D. und Dahle, F., Analyse des Yttrotitanit. (Nyt Magaz. för Naturvidensk. IX. 14. 1857.)

Rammelsberg, Yttrotitanit. (Pogg. Ann. CVI. 296. 1859.)

vom Rath, G., Über Titanit vom Laacher See. (Pogg. Ann. CXIII. 466. 1861.)

Groth, P., Über den Titanit im Syenit des Planen'schen Grundes. (Dies. Jahrb. 1866. 44.)

Des Cloizeaux, Nouvelles recherches. 1867.

Schrauf, A., Sphenzwillinge vom Obersulzbachthal. (Sitzb. d. kais. Acad. d. Wiss. Wien. LXII. 1871.)

Uzielli, G., Über den Titanit und Apatit von Lama dello Spedalaccio. (Memoire R. Accad. d. Lincei. V. I. S. 3a. Rom 1876.)

Strüver, J., Titanit von Latium. (Groth, Zeitschr. f. Kryst. I. 250. 1877.)

Hintze, C., Über den Greenovit von Zermatt. (Groth, Zeitschr. f. Kryst. II. 310. 1878.)

Lewis, W. J., Über Titanit. (Groth, Zeitschr. f. Kryst. II. 66. 1878.)

Limur, Graf von, Explorations minéralogiques dans les Hautes-Pyrenées ou indic. topog. de subst. peu connu. Vannes 1878.

Wiik, F. J., Mittheilungen über finnische Mineralien. (Groth, Zeitschr. f. Kryst. II. 496. 1878.)

Jeremejew, P. W., Titanit des Nasjamschen und Ilmengebirges. (Verhandl. d. kais. russ. mineral. Ges. [2]. XVI. 254. 1881.)

vom Rath, G., Mineralien von Zöptau. (Groth, Zeitschr. f. Kryst. V. 255. 1881.)

— Quarz und Feldspath von Dissentis. (Ibid. V. 494. 1881.)

Arzruni, A., Krystallographische Untersuchung an sublimirtem Titanit und Amphibol. (Sitzungsber. der preuss. Acad. d. Wiss. März 1882.)

Hankel, W. G., Über die thermoelektrischen Eigenschaften des Titanits etc. (Abhandl. d. math.-phys. Cl. d. kgl. sächs. Ges. d. Wiss. 12. 551—595. 1882.)

Heddle, F., Sphen von Shinness. (The geognosy and mineral. of Scotland cont. 5. 71—106. 1882.)

Jereméjew, Titanit von der Praskówje-Jewgeniewskaja-Mineralgrube, Schischimer Berg, Ural. (Verh. d. k. russ. min. Ges. XVII. 374 u. 382. 1882.)

Zepharovich, V. von, Titanit aus den Zillerthaler Alpen. (Naturw. Jahrb. „Lotos". Prag 1882.)

Lasaulx, A. von, Titanit von der Insel Croix. (Sitzb. d. niederrhein. Ges. 1883.)

Williams, G. H., Cause of the apparently perfect cleavage in american sphene. (Americ. Journ. of science. Vol. XXIX. 1885.)

Thesen.

1. Die Meeresströmungen sind in erster Linie durch die Rotation der Erde bedingt.
2. Die im Basalte oft auftretenden Olivinanhäufungen sind nicht als Ausscheidungen aus dem Magma sondern als Gesteinseinschlüsse zu betrachten.
3. Um den Zusammenhang zwischen Krystallform und chemischer Constitution zu finden ist die genaue krystallographische Untersuchung der organischen Verbindungen am wichtigsten.
4. Für die Darstellung der Zonenverhältnisse ist die sphärische Projection am geeignetsten.

www.ingramcontent.com/pod-product-compliance
Lightning Source LLC
Chambersburg PA
CBHW022016190326
41519CB00010B/1539
* 9 7 8 3 3 3 7 3 7 3 8 3 2 *